青木周太郎 情景模型作品集

—戰場情景的建構技法—

SHUTARO AOKI BATTLEFIELD DIORAMA COLLECTION

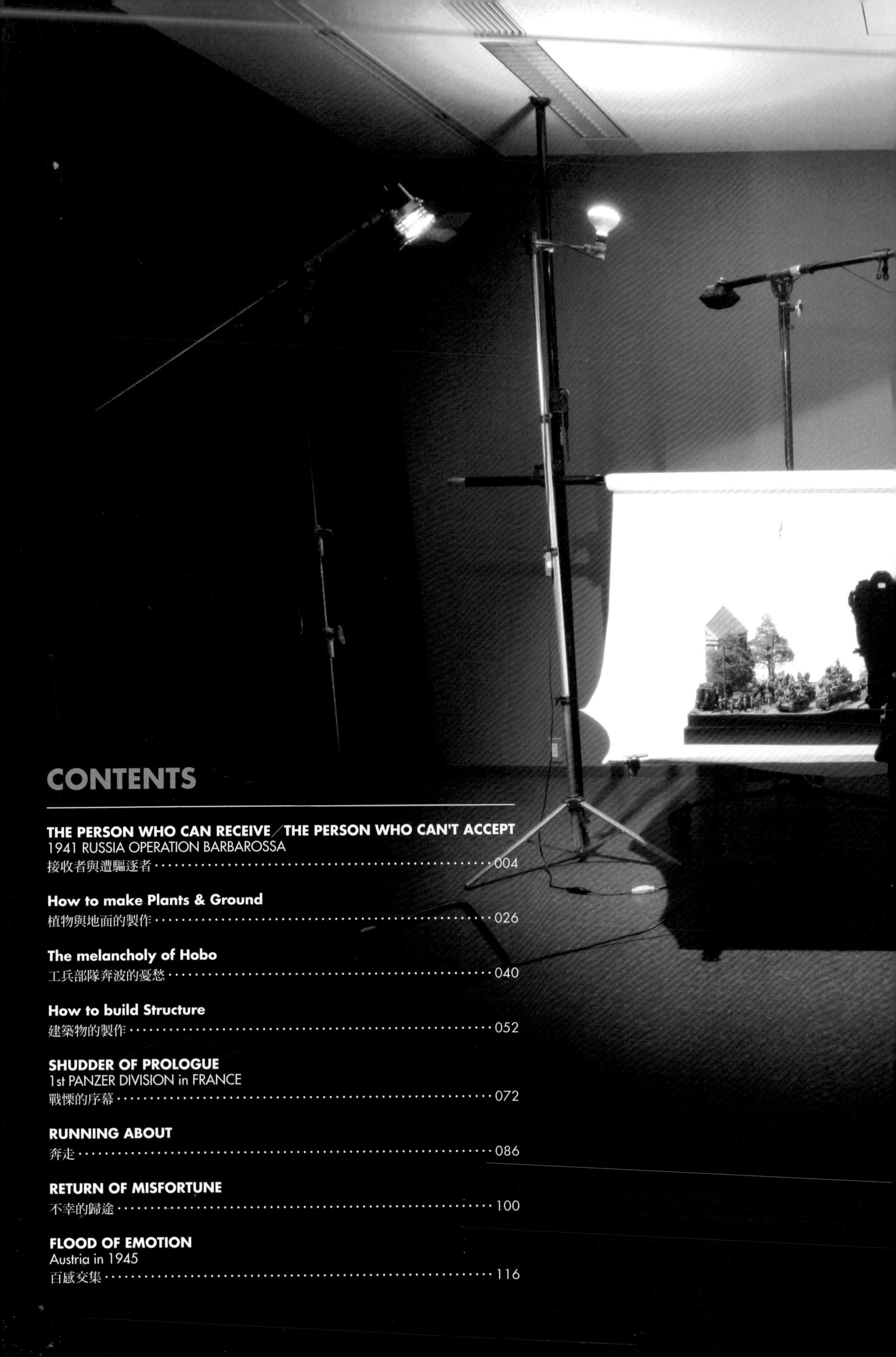

CONTENTS

前言

我在《HOBBY JAPAN月刊》發表範例已有40多年之久，後來也以姊妹刊物《軍事模型製作教範》為中心，陸續製作了各式情景模型範例。我在動工之前，會先仔細想像完成後會是何等樣貌，並且「花工夫」建構出範例應有的水準……。就這點來說，不僅得秉持要設法醞釀出「昭和風格」的原則，對於不具備超絕製作技巧的我來說，該如何造就自己滿意的作品，唯有付出夙夜匪懈的努力才行。

投入這個領域多年，我總是會這麼想，若有讀者記住我的名字，在新品發表會或展示會等場合上親切地給予我鼓勵，這肯定是促使我樂於持續製作情景模型的原動力來源。若是以上班族的立場來看，我其實已經是能夠準備退休的年紀了，雖然不曉得自己還能做出多少件巨大情景模型，但我一定會努力地持續製作下去。

最後想藉這個機會，向歷來製作各式作品時熱心給予我協助的友人、相關廠商人士，以及我的家人致上誠摯謝意，真的感激不盡啊。

青木周太郎
Shutaro AOKI

Profile

1961年出生。在東京大田區蒲田的模型店「むげん」結識了吳光雄先生、越智信善先生、周世光廣先生這幾位同好，以此為契機拓展交友圈，進而獲得在《HOBBY JAPAN月刊》、《軍事模型製作教範》（HOBBY JAPAN發行）等刊物發表情景模型、AFV範例的機會。亦是軍武情景模型社團「Rock Wave」的成員。本業為柔道整復師，在大田區經營「青木接骨院」。家人尚有母親、妻子，以及4名孩子。模型以外的嗜好為欣賞電影和釣魚。

THE PERSON WHO CAN RECEIVE/ THE PERSON WHO CAN'T ACCEPT

1941 RUSSIA OPERATION BARBAROSSA

接收者與遭驅逐者

TAMIYA 1:35 scale plastic kit GERMAN 88mmGun Flak36/37 use
THE PERSON WHO CAN RECEIVE,
THE PERSON WHO CAN'T ACCEPT
1941 RUSSIA OPERATION BARBAROSSA
the diorama built by Shutaro AOKI

1941年6月22日，當時德軍展開進攻蘇聯的計畫「巴巴羅薩行動」。這場大規模作戰的目標，乃是攻下蘇聯西方的領土，從位於莫斯科遙遠北方、遙望白海的阿爾漢格爾斯克，一路延伸到位於裏海沿岸的阿斯特拉罕。挺身對抗的蘇聯軍雖然兵力並不算少，但受到史達林的肅清行動等因素影響，交戰初期只能眼看著領土和戰力不斷流失……。

這件情景模型作品所呈現的，正是在巴巴羅薩行動初期勢如破竹的進軍下，遭到德軍占領的蘇聯領地內某城鎮一景。地台本身為長度達約1.6公尺的尺寸，製作時，採取在中央設置鐵道，分別於左右兩側鋪設道路，屬於橫向構圖的配置方式。不僅如此，還加上了4棟建築、諸多車輛與人物模型，造就一件有著豐富視覺資訊的情景作品。

這件情景模型呈現自1941年6月起，在巴巴羅薩行動中進攻蘇聯郊外某城鎮的德軍勁旅身影。製作時，台座是分為左右兩半，藉此呈現橫向構圖的配置。左右兩側各有一條道路，中央為鐵道，還設置4棟較大的建築物。整體是塑造成地台正面這側通往前線，左側的德軍正在進軍，右側德軍則是為了補給而後撤的情境。不僅如此，更加上經由鐵道運往前線途中便遭破壞的蘇聯軍車輛、被德軍帶走的俘虜、成了難民的人們，以及歡迎德軍到來的農民，藉此襯托出德軍在交戰初期連連告捷的英姿。這件情景模型的整體尺寸為長158㎝×寬64㎝×高50㎝。

這件作品原本是與友人當成社團活動的一環聯手動工，甚至擬定目標要在一年半內完工，最終也據此製作完成。非常感謝在這段期間提供協助的各位。附帶一提，本作品也曾於2016年7月時，於東京池袋舉辦的TAMIYA模型玩家作品藝廊中展出。

情景模型的右側，為鋪設石磚的街道，這裡設置從前線後撤的德軍、一併被帶往後方的蘇聯士兵俘虜，以及難民等人形。中間還設置用8噸半履帶拖車Sd.Kfz. 7拖曳著的88公釐砲Flak 36/37。道路是先將威靈頓（Verlinden）製石磚路零件用矽膠翻模，再用石膏複製出所需數量。人行道上的鋪路石是先用P形刀在TAMIYA製2㎜塑膠板雕刻出紋路，然後再用電雕刀將表面打磨粗糙而成。覆蓋在路面上的沙土則是在MORIN製寫實沙粉、碎石粒加入數種質感粉末（米格土）後，再塗布Super Fix膠水予以固定。

1 2 一併被帶往後方的蘇聯士兵俘虜，全都是由友人德永達矢兄擔綱製作。其中有一半是用AB補土自製，除此之外則是出自平野義高兄之手，以及拿Mini Art、Master Box、TAMIYA等廠商製人物模型改造而成。要重現初期的蘇聯士兵軍服可說是格外辛苦呢。

3 4 停在道路旁的2輛Sd.Kfz. 251/1 Ausf.B，都選用ZVEZDA製模型組。其中一輛是修改成應急用的野戰救護車，原有的機槍改為掛載紅十字旗。除了配合初期型規格，修改車內的配置形式之外，車身下側的細部結構也沿用AFV CLUB的零件，履帶和防水罩亦分別換成威龍製Sd.Kfz. 251用零件。至於裝載的貨物則是用black dog製樹脂模型組來重現。

WH-107241

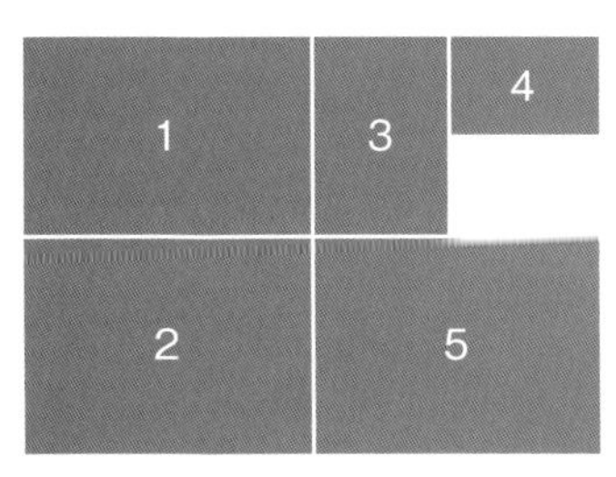

123 Sd.Kfz. 7是利用SHOWMODELLING、eduard製零件，以及MODELKASTEN製路輪和履帶添加細部修飾。步槍架是拿Passion Models製蝕刻片，貨物類則選用black dog製樹脂模型組（這原本是供小號手製用的，得拿AB補土稍加修改才能使用）重現。拖曳的88公釐砲Flak 36/37也用eduard製蝕刻片追加細部修飾。砲管換成JORDIRUBIO製金屬砲管零件，至於輪胎則是換成威龍製模型組（樹脂材質複製品）。

4 馬車為Master Box製模型組，這部分是由友人五嶋拓成兄製作。裝載貨物包含取自Preiser製難民模型組的皮箱，也有部分利用AB補土自製重現。老人取自Master Box製民眾模型組，走在路上的難民選用Stalingrad製樹脂模型組，其中有一部分是複製後加以修改而成。

5 城鎮內的建築物，都是用TAMIYA製3㎜塑膠板做出。照片左側建築的窗框，是先用塑膠板搭配Scale Link製蝕刻片做出原型，再複製為樹脂零件湊齊所需數量。右側建築的磚牆是先拿CUSTOM DIORAMICS製樹脂片複製，削薄後再黏貼於表面上而成。窗戶本身是向喜屋HOBBY訂製的3D成形輸出零件製作，其餘裝飾性部位全都是透過塑膠板加工重現。

1 2 中央這棟建築物是比照旅館的形象來製作。基本上是先用3㎜塑膠板做出雛形，再塗布屬於美術用品的塑形劑來製作壁面。窗戶除了使用前述的3D成形輸出零件之外，亦沿用取自Mini Art製建構物模型組的零件。屋頂採用和P.60相同的製作手法來呈現。木門和柵欄取自Mini Art製產品，玄關是用塑膠板自製的。水塔是用evergreen製塑膠L字材來做出棚樓，還拿1㎜黃銅線搭配0.5㎜塑膠棒製作梯子，至於水塔則是將塑膠板圍繞在PVC管上做出的，而且還用塑膠板製作出屋頂。

3 為了替這件情景模型添加點綴，在各處設置向日葵。該產品是由台灣廠商DIOPARK的王德方先生所提供（感謝）。

4 堆在一旁的鐵桶類補給品，取自威龍製三號戰車模型組，由於我個人頗中意這類零件的造型，因此便拿來複製使用。汽油桶則是將TAMIYA製模型組夾組在0.3㎜塑膠板之間，稍微增厚。木箱有以塑膠板自製，也有取自REALITY IN SCALE製產品；裝蔬菜的箱子取自威靈頓製模型組，酒桶取自HISTOREX製模型組，至於牛奶筒則是選用Mini Art的產品。

中央鐵道上設置蘇聯軍的車輛，以及在運輸途中遭到破壞的貨運列車。除了某些細部的結構以外，無蓋貨車和油槽車都是使用塑膠板自製。由於相關圖面和實際列車照片是很偶然地在網路上找到，可以說是相當寶貴的資料。但即使有這些資料輔助，還是有些細部結構難以確認，這方面就得找相當熟悉該時期鐵道知識的友人，同時也是模型同好的山中孝兄討論一番，亦請他協助後期的製作工程，好不容易才完成這三輛列車。包含採用近乎紫色的黑色作為基本色等要素在內，這類鐵道列車特有的塗裝可都是出自山中兄一身精湛技術呢。另外，鐵軌則是使用INTERALLIED公司的堀先生所提供的小號手製鐵軌零件（1：35的鐵道列車品項也相當豐富），予以重現。

14

■1 無蓋貨車上裝載2輛BT-7（1937年型）。貨車底盤是先製作出1份原型，再複製提供給各列車使用。前面那輛BT-7還重現裝甲板和路輪處橡膠因為著火，表面呈燒灼的狀態。為了呈現履帶扭曲變形的模樣，因此換成FRIUL製金屬履帶。

■2■3 這列無蓋貨車則是裝載2輛史達林涅茲S-65重型拖拉機。模型組本身為小號手製產品，這2輛都是由友人川上尚之兄製作。至於油槽車則是拿塑膠板自製。油槽部位和前述的水塔一樣，其實是以塑膠板圍繞在PVC水管上予以重現。

123 貨車上的兩輛BT-7（1937年型）和鐵道旁的BT-7（1935年型）均選用TAMIYA製模型組，這些都是由友人田中良彥兄製作的。這幾輛除了加上eduard製蝕刻片之外，更增添引擎和自製車內構造等細部修飾（亦有使用到以蝕刻片零件的設計為參考，拿名片紙裁切出的自製零件）。

4 擱置在鐵道上的T-34則是製作成中彈著火、有一半被燒毀的模樣。模型組本身是以TAMIYA製T34/76（1942年型）為基礎，拼裝MAQUETTE製砲塔、威靈頓製引擎，並且用eduard製蝕刻片添加細部修飾而成。

俯瞰本情景模型的整體樣貌。之所以能夠重現列車脫軌的狀況，都要歸功於請到對當時鐵道相當熟悉的山中孝兄和木村浩兄詳加考據，我們更一同在家中討論了多次，實際驗證後才得到這樣的成果。要是沒有這方面的專門知識，肯定無從表現得如此寫實，在此再度感謝他們兩位的大力幫忙。

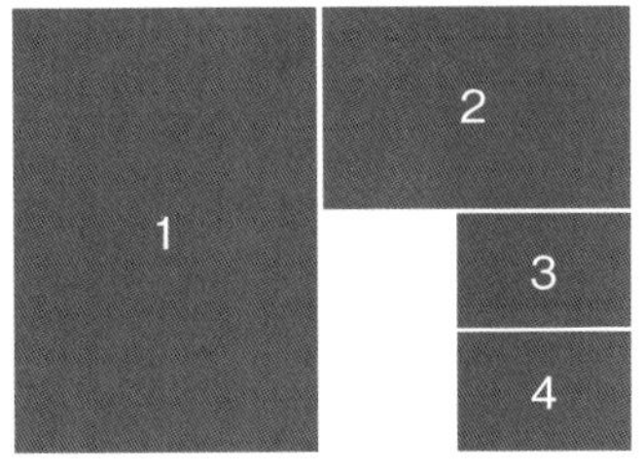

1 2 鐵道左側的道路上，設置正在進軍的德軍裝甲部隊和步兵部隊。行軍中的德軍人物模型主要是選用TANK和Mini Art製產品，有一部分是先複製為樹脂零件，再修改整體姿勢的。亦藉由更換HORNET和Legend製頭部之類的零件來增添變化。這條道路是製作成未鋪裝路面，地面本身是在dufix（壁面修補膏）中混合碎石粒、質感粉末、樹脂白膠（用來加強咬合力）做出的。雜草則是用mininatur製產品來呈現。

3 四號戰車D型的車身是拿TAMIYA製四號戰車H型（初期型）來改造，再拼裝TAMIYA製D型模型組的砲塔零件。不僅如此，還加上威龍製車長頂塔和OVM（On Vehicle Material／車外裝備品）零件，以及Tristar製路輪、FRIUL製金屬可動履帶、Passion Models製蝕刻片、GRIFFON MODEL製OVM托架等零件，添加細部修飾。車身後側也加上REALITY IN SCALE製木箱、plus model製油罐（能成為不錯的點綴）、以AB補土自製的毛毯等物品，藉此營造出行軍氣氛。Sd.Kfz.223無線指揮車選用TAMIYA製模型組，框形天線改用黃銅線重製，還利用塑膠板添加細部修飾，先黏貼後裁切成細條，再用電熱筆雕刻出焊接痕跡。BMW的R75邊車選用ITALERI製模型組，還利用SHOWMODELLING以及eduard製蝕刻片添加細部修飾。至於人物模型則是選用Legend製模型組。

4 在行軍中的3輛Pz.Kpfw.35(t)輕戰車裡，帶頭那輛為威駿製模型組，後面2輛為TAMIYA的限定版模型（CMK製）。威駿製35(t)將砲塔換成TAMIYA的零件，藉此化解與其他兩輛之間的不協調感。至於TAMIYA的2輛則是把車長頂塔換成細部結構較出色的威駿製零件（複製品）。這3輛也都換上FRIUL製金屬可動履帶，還拿KAMIZUKURI的產品重現偽裝用樹葉。戰車成員選用Master Box、Mini Art、威龍等廠商的人物模型產品，並更換HORNET和Legend製頭部零件，為表情增添變化。

地台左側的建築物，也是用3㎜塑膠板製作出來，窗框則是複製自CUSTOM DIORAMICS的產品。柵欄選用雷射切割、裁切出薄木片的cobaanii mokei工房製產品。電線桿上的路標是先用精工鋸在塑膠板上刻劃出木紋，再拿彩色影印的威靈頓製路標，以樹脂白膠黏貼上去，趁著白膠還沒乾時輕輕按壓，藉此營造出張貼在木板上的氣氛。等到用消光透明漆噴塗覆蓋後，更用琺瑯漆添加汙漬。喜迎德軍的農民選用Master Box和威靈頓製人物模型，兩名中年婦人是請友人蛭田泰昭兄小幅度改造Preiser製人物模型而做出。

兩棵樹是請友人角田英光兄製作的。樹幹是彎折金屬線來呈現，樹葉是拿在巢鴨當地店家「さかつう」買到的荷蘭乾燥花來重現。黏合樹葉時，選用瞬間膠（搭配硬化劑），接著還撒上MORIN製造景粉，最後塗布壓克力漆的消光綠＋消光黃，增添層次感。

1 Kfz. 15軍用指揮官車是由山中孝兄製作，這是以TAMIYA、ITALERI製模型組為基礎，以塑膠板搭配AB補土施加大幅度改造的力作。乘坐在裡頭的高階軍官則是選用威龍、Andrea、Tristar等廠商製人物模型。
2 3 制式柴油型Kfz. 61移動無線指揮車，選用IBH製模型組。利用威靈頓1571「Opel Blitz無線卡車內裝模型組」重現內裝部分，無線電設備用星型天線則是取自cyber-hobby製Sd.Kfz. 251/6模型組。

Feldlazarett
30 Km
a l'Heure

HOW TO MAKE PLANTS & GROUND

植物與地面的製作

看了先前介紹的作品後，應該也有人會想要向製作情景模型發起挑戰了吧。不過，即使知道戰車模型要怎麼做，一旦規模擴大至情景模型的境界，那麼要如何製作出植物、地面、建築物等景象，卻又成了另一門學問。接下來要以最基礎的植物和地面製作方式為中心，介紹相關的技法。本章節中將會以「草地」、「地面」與「樹木」為主題，解說該如何製作出這些情景模型中的基礎。這些景物將會設置在長度約30公分的地台上。至於主角，則是筆者以前做的cyber-hobby製四號戰車A型。整體是打算呈現1940年5月的西方戰役（法國戰役）一隅，試著做出法國國內的景色。

Cyber-hobby 1:35 scale plastic kit Pz.Kpfw.IV Ausf.A use
How to make Plants & Ground
the diorama built by Shutaro AOKI

製作草地

首先要試著製作出最基礎的植物，也就是草。在此要介紹利用瓊麻絲來做出草的方法。

Materials

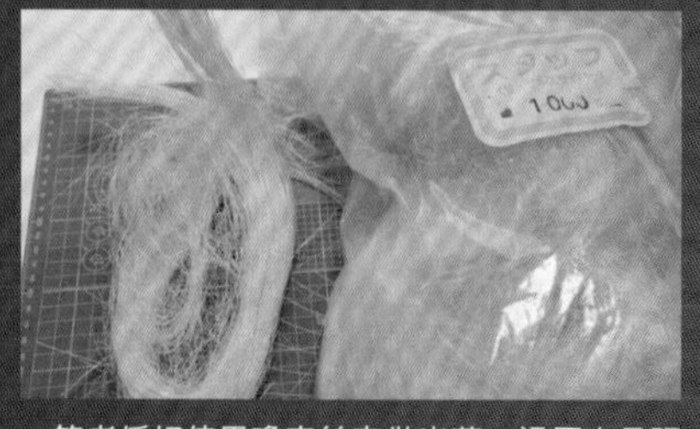

筆者偏好使用瓊麻絲來做出草。這原本是販售作為石膏模具用的補強材料，在美術用品店之類的店家可以買到。

1 試著利用瓊麻絲來種草吧。首先使用錐子等工具，在作為地台的保麗龍上鑿出許多的孔洞。

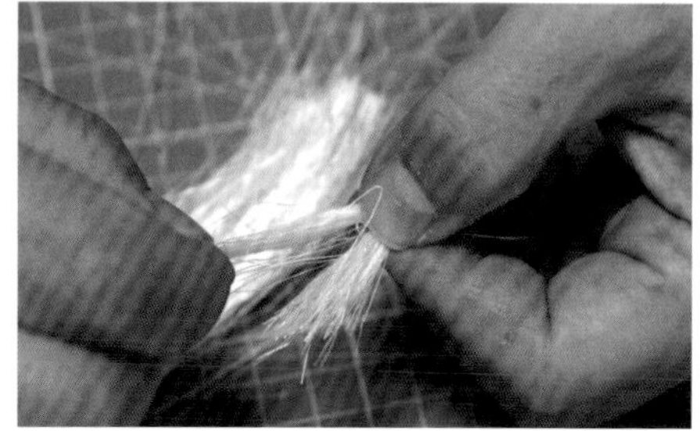

2 將瓊麻絲裁切成約4cm的長度，大致從中對折。

3 用剪刀進一步修剪成適當長度。

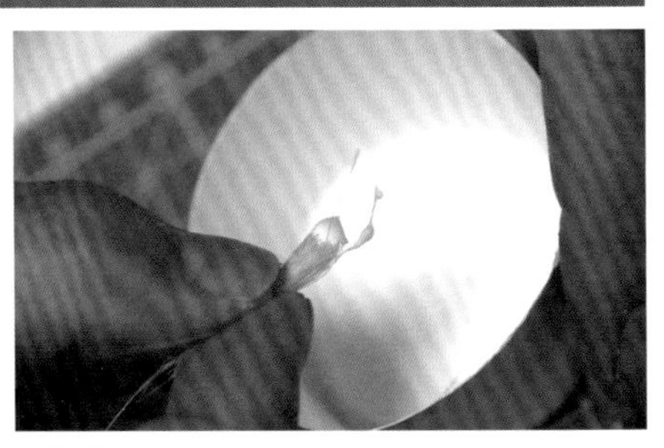

4 捏著頂端，以草根部位沾取樹脂白膠。

5 用指尖捏壓緊實草根部位，讓黏合面能夠更穩定。

6 改用尖頭電工鉗之類的工具夾取，插入先前在保麗龍上開的孔洞裡，予以固定。

7 拿取不鏽鋼刷，以拍打的方式壓進去。

8 以先前的方式壓進去後，草葉部分就會順利地展開。

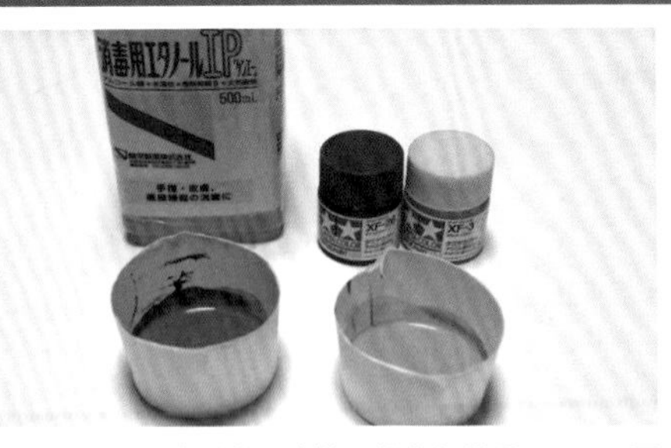

9 接著要進行塗裝。基本色選用TAMIYA壓克力水性漆的消光綠＋消光黃（加入黃色，能夠讓發色效果更好）。這個步驟要改變混色比例，多調出幾種顏色備用。

10 使用噴筆，選用先前調出的幾種顏色施加光影塗裝之餘，亦大致進行塗裝。

11 趁噴塗的塗料呈半乾燥狀態時，用手指抹開，讓草葉的形狀取得均衡。

12 中央部位不管怎麼調整都顯得塌扁過頭，因此乾脆用鑷子輔助豎立起來。

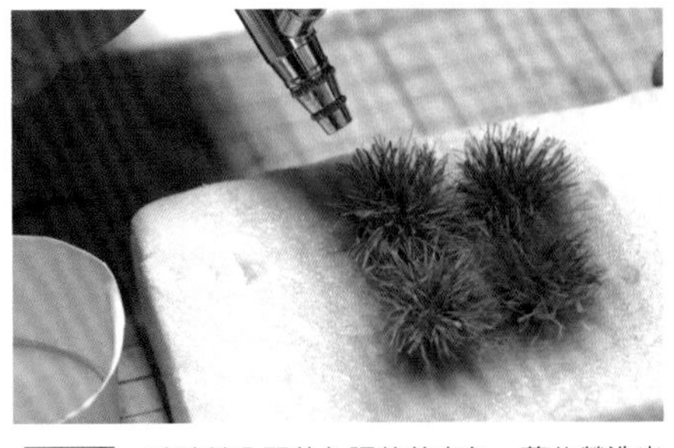

13 噴塗較凸顯黃色調的基本色，藉此營造出鮮明感。

製作地面並植草

再來要試著製作地面。在此要介紹如何製作未鋪裝路面等極基本的土沙外露地面，以及植草的方法。

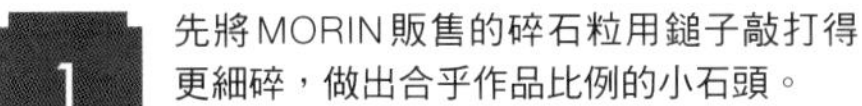

1 先將MORIN販售的碎石粒用鎚子敲打得更細碎，做出合乎作品比例的小石頭。

2 除了作為土壤素材的海灘沙、砥粉、壁面修補膏之外，亦加入樹脂白膠和Super Fix加以混合。

3 為了調色起見，於是加入TAMIYA壓克力水性漆的沙漠黃。

4 將混合TAMIYA壓克力水性漆的土壤素材充分攪拌至呈現膏狀。

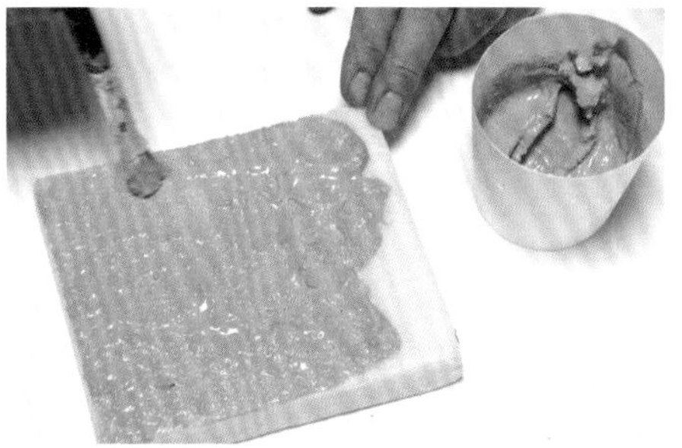

5 畫筆沾取膏狀土壤素材，對著地台拍塗，使素材能附著表面。

6 拍塗完成之後，將先前敲碎的小石頭撒在土壤上。

7 為了讓小石頭能固定在土壤表面上，先將Super Fix以溫水稀釋，以便進行噴霧塗布（要噴塗到呈現溼漉漉的狀態）。

8 等噴塗的Super Fix乾燥後，為了整合色調，要再度用噴筆塗布TAMIYA壓克力水性漆的沙漠黃。

9 為了添加陰影，將GSI Creos製舊化漆的汙漬棕用溶劑稀釋，然後再使用畫筆進行塗布。

Materials

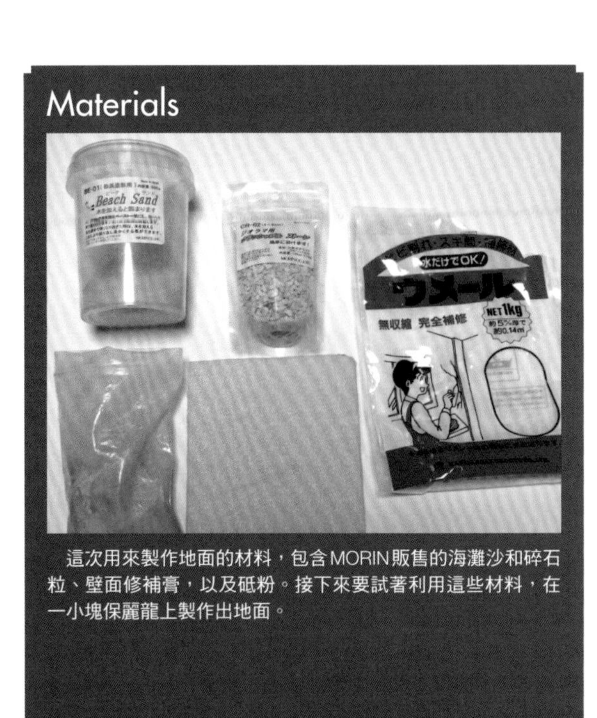

這次用來製作地面的材料，包含MORIN販售的海灘沙和碎石粒、壁面修補膏，以及砥粉。接下來要試著利用這些材料，在一小塊保麗龍上製作出地面。

10 大致完成的地面。為了讓石頭大小、散布密度、色調等要素能顯得更自然些，要多方嘗試，找出最適合的效果。

11 接著是鑽挖出用來植草的孔洞。

12 為了將雜草固定在地面上，因此用畫筆塗布Super Fix。這款膠水在乾燥後不會帶有光澤，以製作情景模型來說相當好用。

13 雜草是混合威靈頓製草坪草、NOCH製草粉（鐵道模型用）後，再撒在先前塗布的Super Fix上來呈現。

14 按照先前介紹的方式，用瓊麻絲做出草，然後插到剛才挖出的孔洞裡。

15 為了讓植被有所變化，亦利用乾燥花等材料來呈現。首先使用軟杜松，配合作品比例裁切得小一點。

16 將裁切得較細小的軟杜松沾取少許樹脂白膠，然後種植在草的周圍。

17 將Scale Link製蝕刻片、KAMIZUKURI製葉片裁切開來。這類造型材料製作得既細膩又具銳利感，可說是深具魅力呢。

18 將蝕刻片等細小植物種植到草堆周圍。黏合時同樣選用樹脂白膠。

19 使用斜口剪，將滿天星的乾燥花剪成適當長度。

20 以樹脂白膠種上先前剪下的滿天星，藉此呈現開在草叢中的花朵。

21 進一步在地面各處種植mininatur製草，添加變化。

Materials

除了前一個章節製作的草之外，在此還要利用Scale Link製蝕刻片葉片、KAMIZUKURI製葉片、乾燥花（軟杜松滿天星）等材料，在地台上呈現其他植物。想要重現不同地區的植被時（視季節而異），只要透過網路或書籍找一找，就不難取得當地的風景照。各位不妨拿這類資料作為參考，評估要選用哪些素材加以重現吧。

22 把在保麗龍上做出的草地移植到情景模型地台上。像這樣巧妙搭配數種植物種類後，即可重現宛如擷取自然一隅的植被，還請各位務必要親自挑戰看看喔。

製作樹木

最後試著製作在植物中算是頗具分量的樹木。在此要介紹利用金屬線和乾燥花等材料做出闊葉樹的方法。

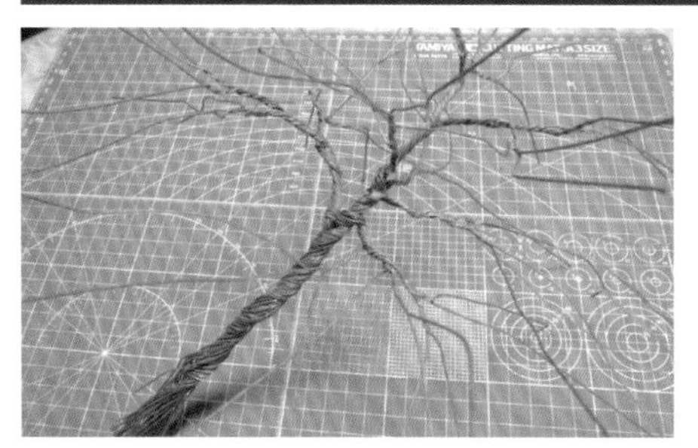

1 拿尖嘴鉗之類工具彎折、纏繞人造花用金屬線，藉此做出如同樹木枝幹的形狀。

2 當樹枝顯得過長時，要以樹木整體的均衡感為前提，用斜口剪適度地修剪長度。

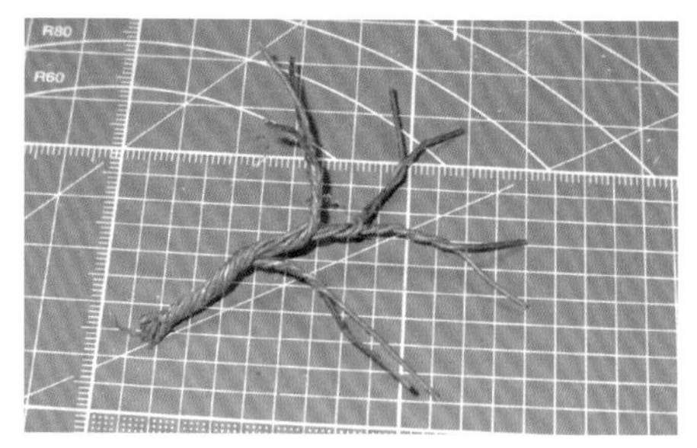

3 為了做出枝繁葉茂的模樣，按照製作樹幹時的要領，另外做出幾根較小的分枝。

4 將先前完成的較小分枝裝設於樹幹各處，並且用瞬間膠（搭配硬化劑）牢靠地黏合固定住。

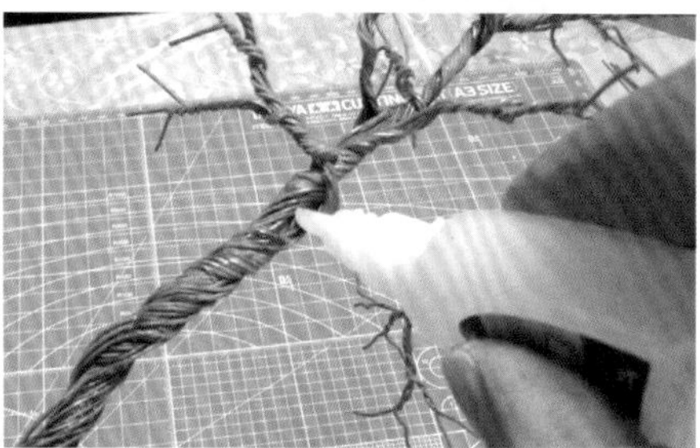

5 為了避免樹幹留有空隙導致晃動，因此滲入瞬間膠予以黏合固定。

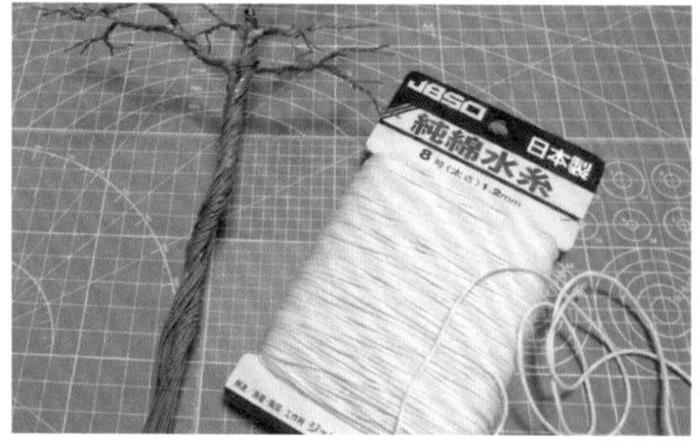

6 為了確保樹幹部位的均衡並整合粗細，因此要用水線纏繞起來。

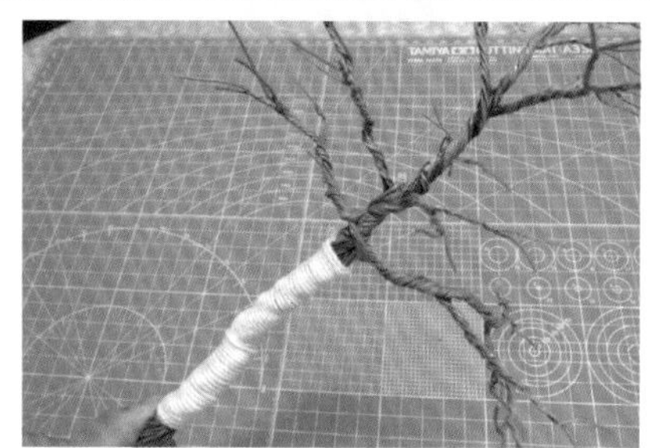

7 將水線纏繞在樹幹上後的狀態。

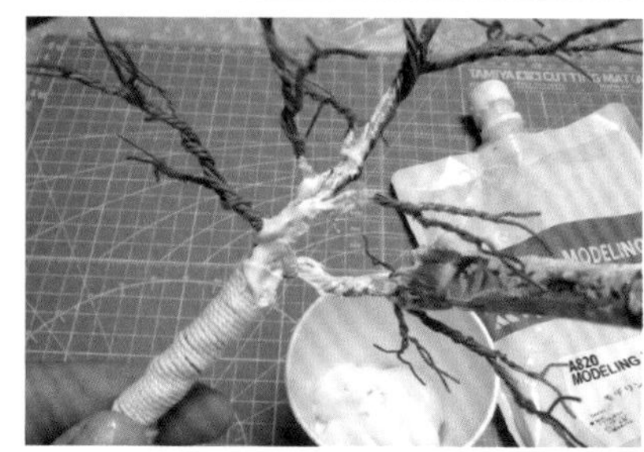

8 接著是在枝幹表面上塗布塑形劑（塑形土）。

9 這是塗布塑形劑之後的狀態。營造出樹皮的氣氛了呢。

10 為了重現樹葉，因此用鑷子夾取荷蘭乾燥花，以便用瞬間膠（搭配硬化劑）黏合固定在樹枝上。

Materials

以金屬線在用來製作樹幹的人造花上包覆一層薄紙，使得補土和塑形劑容易咬合表面，相當方便好用呢。這次準備粗細不同的2種金屬線使用。

樹枝葉子是利用在模型專賣店SAKATSU買到的「荷蘭乾燥花（Super Trees）」重現。這種材料很適合重現闊葉樹，包裝也相當便於使用呢。

11 隨著加上樹葉，樹木的整體輪廓也大致成形了。

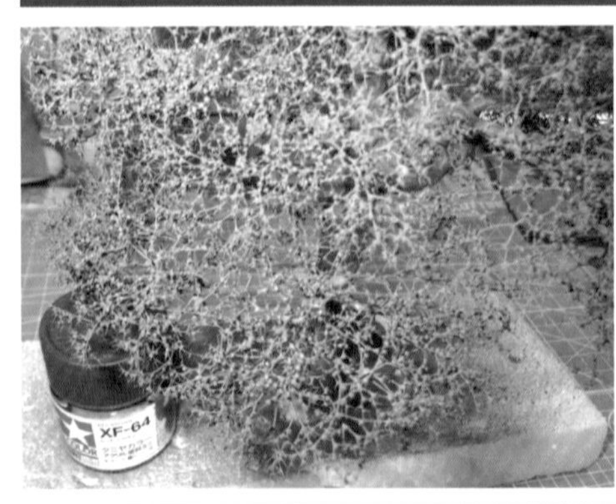

12 為整體的樹枝加上葉子後，接著是用噴筆為整體噴塗TAMIYA壓克力水性漆的紅棕色。

13 為了重現粗糙的樹皮，在沙＆淺沙色TAMIYA情景特效漆裡加入壓克力水性漆的紅棕色和消光黑，調色後拍塗在樹幹上。

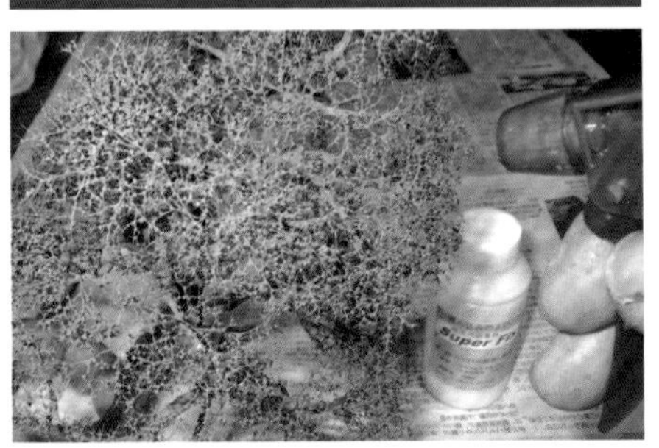

14 為了讓造景粉能附著在樹葉上，因此拿噴霧瓶來噴塗用溫水溶解的Super Fix膠水。

15 將數種MORIN製造景粉散在樹葉部位。這樣一來即可呈現更為精緻細膩的氛氛。

16 為了整合樹葉的色調，因此用噴筆來噴塗壓克力水性漆的消光綠＋消光黃。和先前製作草時相同，最好調出多種混合比例不同的顏色使用，藉此添加變化。

17 將完成的闊葉樹裝設到情景模型地台上。

完成

在地台上進一步裝設柵欄、電線桿，以及放置一輛四號戰車A型後，總算是宣告完成了。隨著設置樹木，情景模型也產生高低落差，整體看起來更具立體感。不僅如此，在未鋪裝路面兩側還有著草地作為點綴，使整體架構能既簡潔又不淪於單調。附帶一提，這件情景模型的整體尺寸為長32.8㎝×寬24.5㎝×高29.5㎝，可說是相當適合情景模型入門玩家挑戰的大小呢。

四號戰車A型是出現在初期歐洲戰線上的車輛，範例中選用的是cyber-hobby製模型組。這部分進行凸顯焊接痕跡的加工，以及追加蝕刻片製OVM托架等細部修飾作業。

電線桿是用精工鋸在塑膠棒上雕刻出木紋，自製而成。路標也是用同樣的方式在塑膠板上添加木紋，然後黏貼威靈頓製路標。柵欄取自TAMIYA製1：48比例「路標模型組」。雖然比例不同，卻也能像這樣應用，相當有意思呢。

Feldlazarett
K3
30 Km
a l'Heure

HOW TO MAKE PLANTS & GROUND

植物與地面的製作方式

The melancholy of Hobo 工兵部隊奔波的憂愁

TAMIYA 1:35 scale plastic kit CHURCHILL CROCODILE use
The melancholy of Hobo
the diorama built by Shutaro AOKI

1944年展開的諾曼第登陸戰役中，為了突破德軍所設置的各式障礙，英國陸軍第79裝甲師配備各種特殊車輛，以戰鬥工兵部隊的形式投入其中。由波西·克萊格霍恩·史坦利·霍巴特少將率領的該師備有掃雷車雪曼螃蟹、帆布捲筒型邱吉爾，以及噴火戰車邱吉爾鱷魚等諸多另類的特殊車輛，因此有著「霍巴特滑稽坦克部隊」這個綽號，會配合前線部隊的需求分派至各地執行任務，在歐洲戰線一路活躍至戰爭結束。

這件作品乃是以在諾曼第登陸戰役結束後，霍巴特滑稽坦克部隊取道荷蘭進軍德國時的光景為靈感來源，並且據此製作而成的。以在地台上擔任主角的2輛TAMIYA製邱吉爾鱷魚為首，設置M19戰車運輸車與裝載於其上的邱吉爾Mk. VI、25磅砲和QUAD砲兵牽引車，加上遭德軍遺棄的自走火箭砲等車輛，以及英軍士兵和遭俘虜的德軍士兵等諸多人物模型。地台本身不僅重現戰爭結束前後的德國街道一隅，更運用自製手法設置2棟建築物。

（出處／HOBBY JAPAN月刊2015年12月號）

BANNER

這件情景模型以1945年春季為背景，呈現綽號「霍巴特滑稽坦克」的第79裝甲師進軍德國時，旗下2輛噴火戰車邱吉爾鱷魚被卡在有著車輛、士兵，以及遭俘德軍士兵夾雜的街道上，導致難以動彈的一景。在這個重現戰爭結束前後德國境內街道一隅的地台上，以3輛邱吉爾戰車為首，密集排列QUAD砲兵牽引車＆25磅砲、M19戰車運輸車、自走火箭砲42型，以及10HP Tilly等各式車輛。附帶一提，作品名稱中的「流浪漢」一詞，其實是源自該師指揮官波西・霍巴特少將的綽號。這件情景模型的整體尺寸為長94㎝×寬54㎝×高54.5㎝。

1 擔任主角的2輛邱吉爾鱷魚選用TAMIYA製模型組。搭配上製作得相當精緻的背景之後，若是從1：35比例人物的視野來看，即可感受到宛如戰場照片的氣氛呢。
2 自走火箭砲是先將身上原有的鉚釘削掉，以便全部換成自製的（拿0.3㎜塑膠板用鼓珠針做出），藉此凸顯立體感。履帶沿用自威龍製一號戰車，還利用ROYALMODEL製蝕刻片和樹脂零件為各處添加細部修飾。不僅如此，更拿了plus model製模型組（Opel Blitz專用）來重現引擎內部的造型。
3 QUAD砲兵牽引車所拖曳的25磅砲也是選用TAMIYA製模型組。這方面是拿eduard製蝕刻片為砲盾一帶添加細部修飾。

1

2

3

深具存在感的兩棟建築，是以歐洲典型建築為製作藍本，亦即在1樓設有店面的樓房（公寓之類的）。地台上的電線桿選用Mini Art製模型組。遭俘虜的德軍士兵選用自CUSTOM DIORAMICS和JAGUAR製產品，至於英軍士兵則是以TAMIYA製「英軍步兵 巡邏模型組」為主，改裝後設置於各處而成。

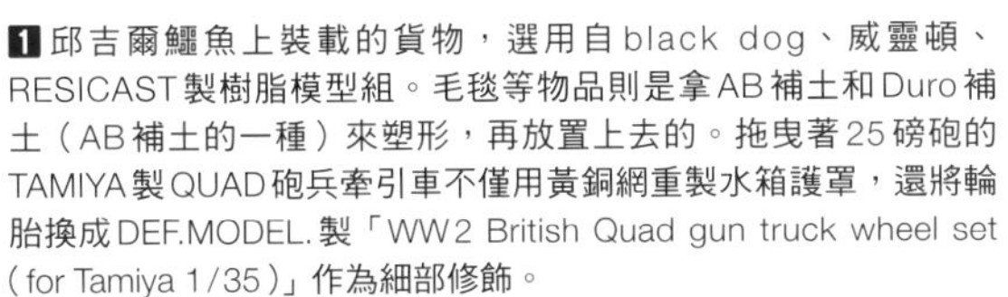

1 邱吉爾鱷魚上裝載的貨物，選用自black dog、威靈頓、RESICAST製樹脂模型組。毛毯等物品則是拿AB補土和Duro補土（AB補土的一種）來塑形，再放置上去的。拖曳著25磅砲的TAMIYA製QUAD砲兵牽引車不僅用黃銅網重製水箱護罩，還將輪胎換成DEF.MODEL.製「WW2 British Quad gun truck wheel set (for Tamiya 1/35)」作為細部修飾。

2 亦設置用來搬運彈藥燃料等裝備的油彈拖車（連車輪內都裝有燃料）。這部分選用ARMO製樹脂模型組。

3 TAMIYA製10HP Tilly利用LEGEND製「升級／貨物模型組」為篷布等處添加細部修飾。引擎水箱罩也是取自該模型組的零件。

4

5

4 **5** 2輛邱吉爾鱷魚利用AFV CLUB製履帶、Passion Models製「WW II 英／大英聯合王國軍 戰車用 直接瞄準器模型組（通用）」和「英OQF 75mm Mk. V砲管模型組」將細部結構製作得更具銳利感。艙蓋一帶除了沿用複製自AFV CLUB的一部分零件並且添加修飾之外，亦利用TAMIYA製AB補土追加焊接痕跡。

■1 M19戰車運輸車選用Merit International製模型組。這部分利用焊錫線等材料追加絞車纜線、引擎一帶配線，以及煞車油管等構造。

■2 裝載於拖車上的邱吉爾Mk. VI是以TAMIYA製邱吉爾為基礎，搭配RESICAST製樹脂材質砲塔（附金屬砲管）和LEGEND製改造模型組來重現。更裝設RESICAST製引擎零件，製作成檢查中的模樣。

中央處建築物的壁面是裁切TAMIYA製3㎜塑膠板製作而成。2樓與3樓的磚牆面是先拿矽膠來為CUSTOM DIORAMICS製樹脂片零件翻模，以便透過淺淺地灌入樹脂複製出薄片狀零件使用。這些複製零件還進一步打磨成0.7㎜厚（要是不這麼做的話，其重量在經年累月後會導致塑膠板扭曲變形），然後才黏貼在用塑膠板做出的壁面上。接著還進一步削出設置窗戶用的開口，並且再度用矽膠翻模＆灌注樹脂複製，最後用這些複製成品組裝出建築物的形狀。這時為了避免歲月造成的老化變形，因此還用電雕刀在內側縱向劃出幾道溝槽，以便將1㎝角材用瞬間膠黏貼在這些地方作為補強（即使如此，其實還是無法完全避免產生扭曲變形）。壁面各部位更透過加工TAMIYA製塑膠板做出裝飾性構造。屋頂選用REMI製真空吸塑成形零件。右側那棟損毀建築物亦是按照相同要領用塑膠板做出的。

建築物的窗戶為訂製品，這部分是用3D成形機輸出的零件（透過喜屋HOBBY委託訂製，費用是50個約2萬日圓。畢竟要用塑膠板透明塑膠板做出這麼多窗戶，實在頗累人呢……）。這些訂製品不僅附有可用來重現玻璃的零件，要遮蓋塗裝也很方便。除此之外，亦有沿用取自Mini Art製建築物模型組的窗戶。

1 2

1 2 建築物損毀處是用P形刀和BRAIN FACTORY製電熱筆做出磚牆破損面，以及磚紋等造型。裝飾類結構是出自利用塑膠材料自製的零件，以及這類零件的樹脂材質複製品。至於屋頂則是複製樹脂模型組的零件，組裝後加以呈現。

遭砲火波及而損毀的建築物、覆蓋街道的瓦礫與塵土，令人明確感受到這裡是戰場一隅。石磚路是先複製CUSTOM DIORAMICS製樹脂片零件，再用樹脂白膠搭配瞬間膠黏合在膠合板（夾板）上來呈現。瓦礫主要是用MORIN製「混裝瓦礫」來重現，不過亦稍微追加一些CUSTOM DIORAMICS製磚塊零件。覆蓋在路面上的塵土亦是用MORIN製海灘沙來呈現，而且還利用粉彩讓色調能有所變化。固定這類細小顆粒狀材料時，同樣是輪到該公司的Super Fix這款膠水來大顯身手。

HOW TO BUILD STRUCTURE

建築物的製作

以戰場情景模型作品來說，該如何做出建築物算是門檻之一。市面上確實有1：35比例的建築物模型組可選購使用，但尺寸這麼大當然也有著價位較高的缺點。不僅如此，還只有特定樣式的建築物可買，也就是說，當需要使用到一定大小的建築物時，顯然唯有自製一途可行。因此，接下來要以典型的歐洲建築物為題材，介紹如何完全自製這類範例的製作過程。作為進階章節，這次要選擇長度約50公分的地台作為基礎。車輛選用筆者之前做的TAMIYA製豹式戰車G後期型，並且根據這點選擇呈現諾曼第登陸行動（1944年6月）後，位於西部戰線的法國街道一景。在參考當時的建築物照片之餘，亦利用以塑膠板為首的各種材料和工具進行製作。另外，更重現受戰火波及而導致局部損毀的模樣，藉此挑戰如何營造出戰場特有的氛圍。

TAMIYA 1:35 scale plastic kit GERMAN PANTHER TYPE G LATE VERSION use
How to build Structure
the diorama built by Shutaro AOKI

製作壁面與路面

在建築物篇中，要從做出這件情景模型基礎的壁面和路面著手。壁面是先裁切塑膠板做出雛形，再黏貼磚牆片零件。配合磚牆建築物的風格，亦一併製作石板路面。

Document

就筆者個人作業習慣來說，製作建築物時並不會特地繪製圖面等的預想構圖（但有時還是會簡單畫個草稿），不過倒是會根據打算製作的建築物樣式，先找些類似的照片作為參考，並且張貼在工作空間裡，以便隨時比對參考。

Materials

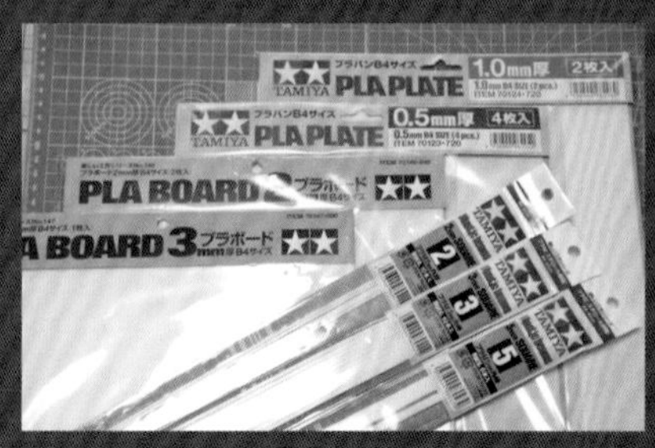

這是為了製作建築物所準備的基本塑膠材料。這次選用 TAMIYA 製塑膠板（0.5㎜、1㎜、2㎜、3㎜厚），以及方形塑膠棒（2㎜、3㎜、5㎜）。這些材料會視情況使用。

歐洲建築物多半是磚造的。考量到便於購買的需求，這次選用TAMIYA製磚牆模型組（附帶一提，筆者近來其實偏好使用CUSTOM DIORAMICS製樹脂片零件）。由於這次打算製作出較大的建築物，需要使用到許多磚牆片零件，因此複製成樹脂零件，湊齊所需數量。

1 先將磚牆片零件黏合組裝成方形區塊，再用矽膠翻模，然後用樹脂灌模做出磚牆片零件。雖然用P形刀在塑膠板上雕刻出磚紋是個方法，不過想刻出許多整齊紋路其實相當費事。為了讓這些磚牆片零件能黏貼在塑膠板上，記得用打磨機等工具盡可能地磨薄。要是磚牆片零件過厚，經年累月後會導致塑膠板因承重而扭曲變形，還請留意。

2 試著製作出石板步道吧。這部分是先將3㎜塑膠板裁切成適當寬度作為基底，再黏貼裁切成1㎝×1㎝正方形的塑膠板。正方形塑膠板選用1.2㎜、1㎜、0.5㎜等多種厚度，隨機黏貼，營造出不會過於均勻平整、而是有著微幅差異的變化。路緣石是以裁切成適當長度的5㎜方形塑膠棒來呈現，在黏貼時也刻意營造出不至於太整齊劃一的感覺。

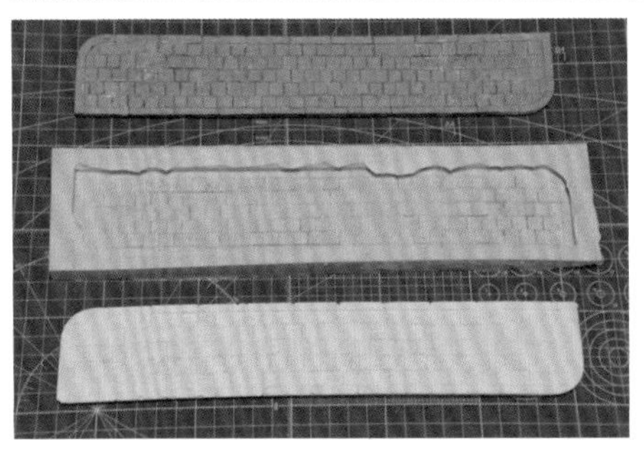

3 最後是用電雕刀和鋼刷等工具，將表面打磨得粗糙些。要反覆自製這類零件其實相當費事，因此乾脆先製作出一片原型，再用矽膠翻模，然後用石膏灌模複製。

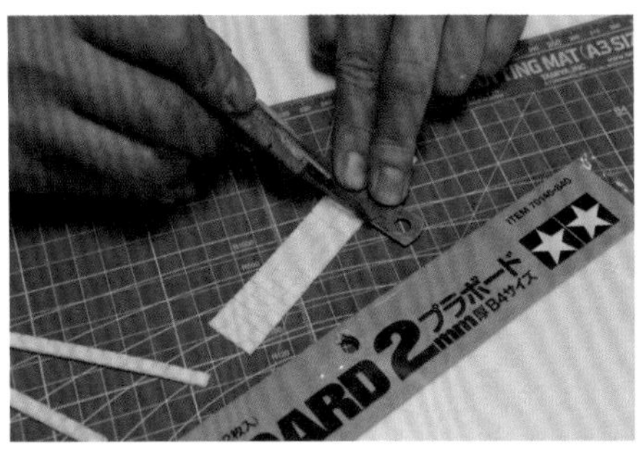

4 也試著做出石磚路吧。首先是將2㎜塑膠板裁切成適當大小，再用P形刀在表面上雕刻出以5㎜×5㎜為單位的正方形紋路。

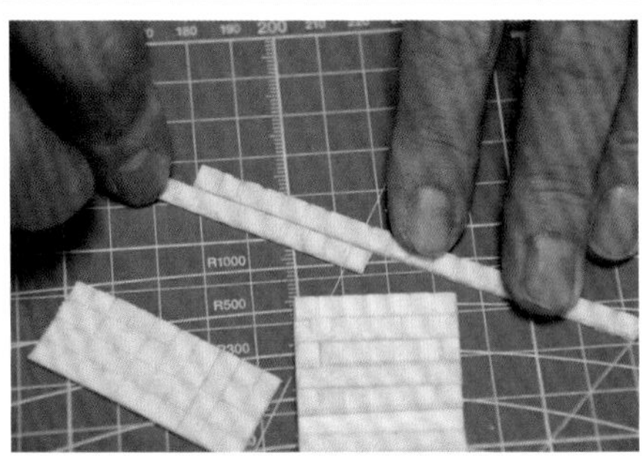

5 在塑膠板上雕刻出正方形紋路後，進一步用美工刀裁切成寬5㎜的長條狀。再來是以正方形彼此錯開為原則，將這些塑膠條拼裝黏合起來。

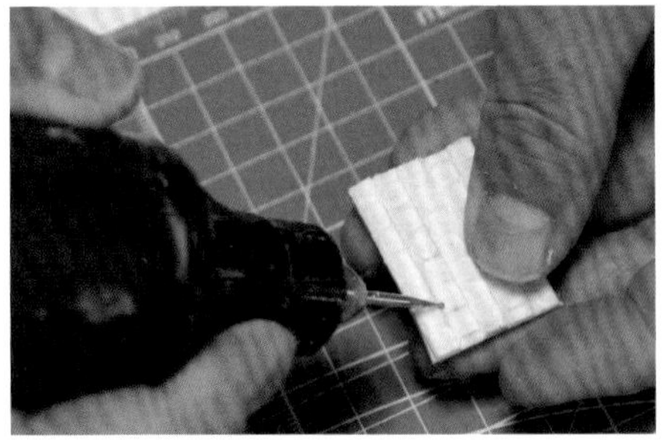

6 完成後，用電雕刀、鋼刷、電熱筆等工具打磨表面，營造出粗糙感。

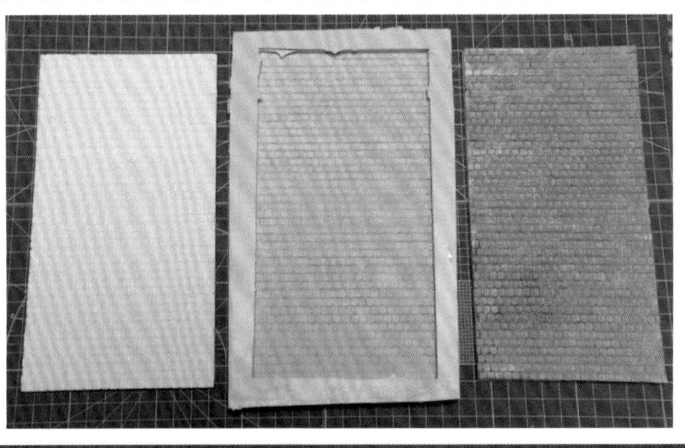

7 按照前述要領，製作出準備量產用的大面積石磚路零件。接著同樣是用矽膠翻模，然後用石膏灌模複製。當複製品顯得厚度不均勻時，那麼就使用搭配墊片且較粗的水砂紙（號數較小），讓自來水緩緩流過表面，進行沾水打磨。不過石膏一旦吸收水分就會變脆，而且削磨碎屑也可能會導致排水管堵塞，因此作業時必須特別留意。

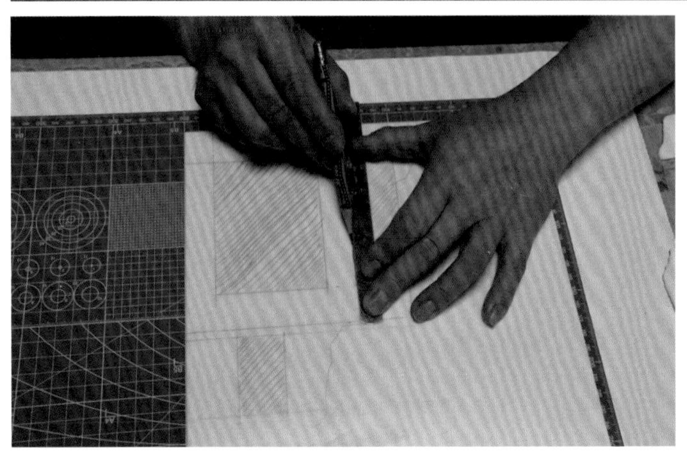

8 總算輪到要用3㎜塑膠板來製作建築物基礎的壁面了。在搭配尺規評估各部位的尺寸之餘，亦用鉛筆描繪出輪廓。

9 畫上窗戶和門扉等開口部位，以及遭戰火破壞而缺損的部位後，就用美工刀裁切出壁面零件來。附帶一提，為了製作表面與內側所需，因此必須製作出2份相同的壁面零件才行。

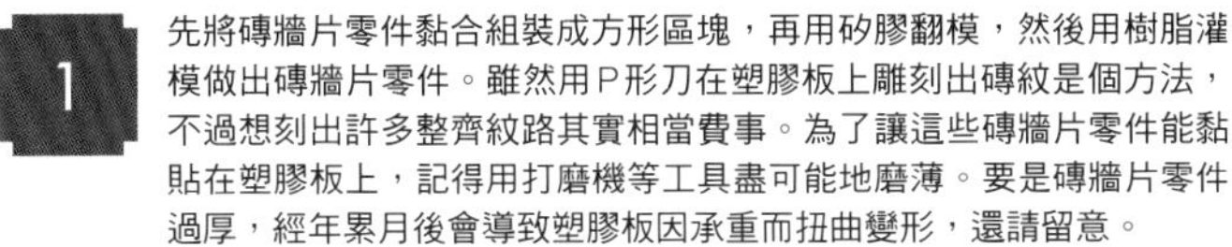

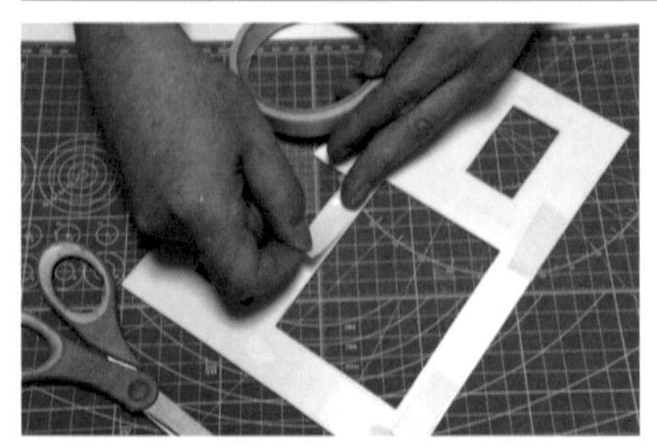

10 為了將磚牆片零件浮貼在剛才用塑膠板裁切出的壁面零件上，為壁面零件黏貼裁切成適當長度的雙面膠帶。

11 將面積大致相符的磚牆片零件藉由雙面膠黏貼在壁面零件上。之所以這樣浮貼，用意是為了方便後續的裁切作業。

12 將磚牆片零件浮貼完畢後，從背面將開口部位和外側部位裁切掉。若是手邊有超音波刀，應該就能相當輕鬆地削開來，不過就算用美工刀裁切其實也不成問題。

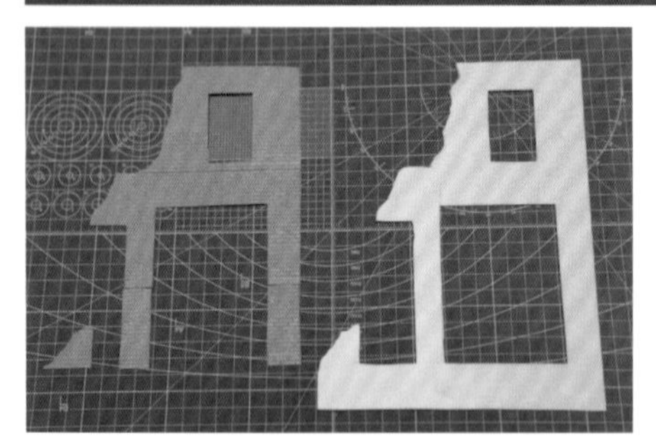

13 配合壁面零件形狀裁切完成的磚牆片零件。下緣之所以少一截，是打算在後續步驟中黏貼作為建築物基礎的塑膠棒和塑膠板。

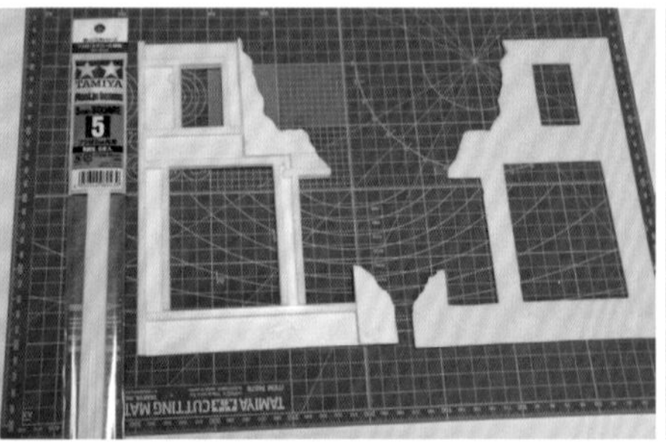

14 外側和開口較平直處，直接用TAMIYA模型膠水（流動型）來黏貼5㎜方形塑膠棒。缺口處則是要先裁切出形狀相符的塑膠板，再堆疊黏貼至5㎜厚。之所以這樣做，用意在於黏貼另一片壁面零件時能夠墊出足夠的厚度（方形塑膠棒也可一併發揮補強的功能）。

15 將表裡壁面用流動型模型膠水黏合起來後，也別忘了從邊緣滲入流動型模型膠水，確保塑膠材料能確實黏合。這時選用老舊漆筆之類的工具來塗布會更有效率。

16 表面的磚牆片零件為樹脂材質，因此要選用瞬間膠來黏合。首先是點狀塗布果凍型瞬間膠，以便黏貼到壁面零件上。

17 從先前黏貼的磚牆片零件邊緣滲入流動型瞬間膠，藉此確保能更牢靠地黏合住。

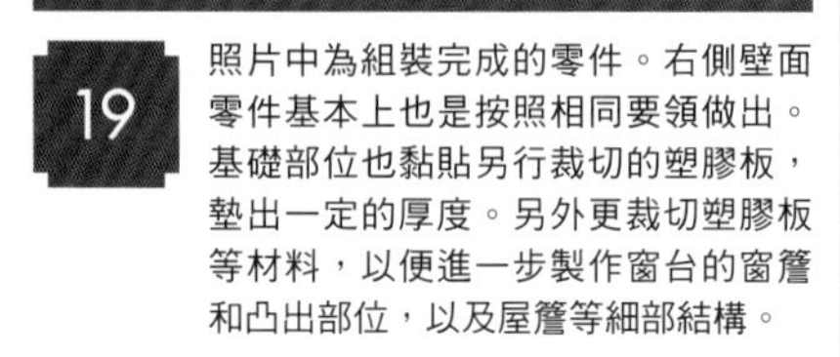

18 等膠水充分乾燥後，用美工刀將破損部位切削得更粗糙些，營造出建築物崩毀面應有的模樣。

19 照片中為組裝完成的零件。右側壁面零件基本上也是按照相同要領做出。基礎部位也黏貼另行裁切的塑膠板，墊出一定的厚度。另外更裁切塑膠板等材料，以便進一步製作窗台的窗簷和凸出部位，以及屋簷等細部結構。

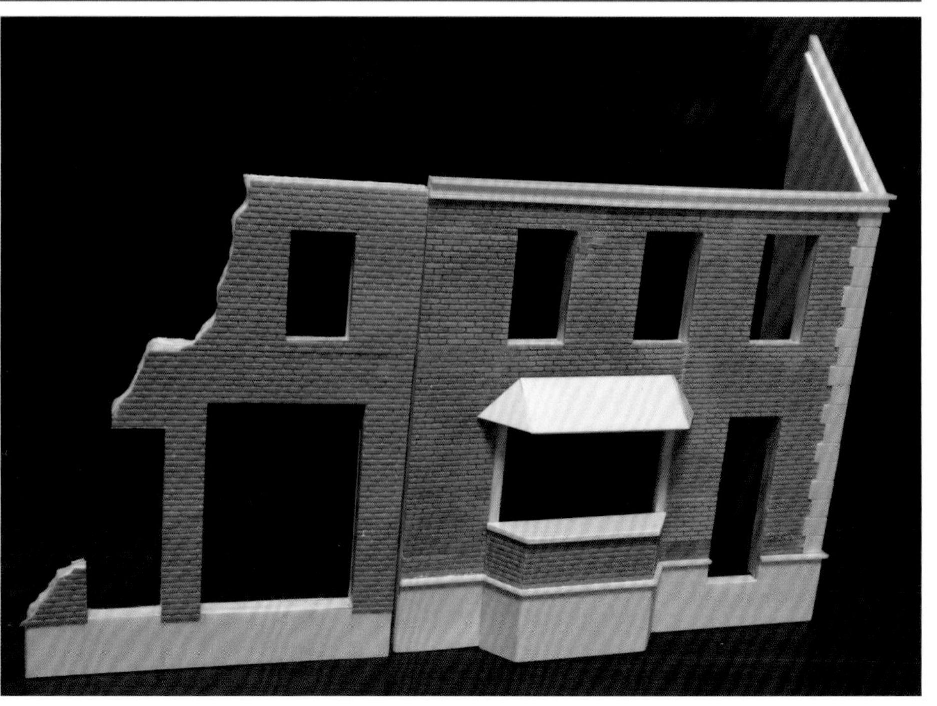

20 再來試著重現灰泥牆面的內壁遭破壞後露出磚牆的模樣。首先用流動型瞬間膠為內壁破損處邊緣黏貼裁切過的磚牆片零件。

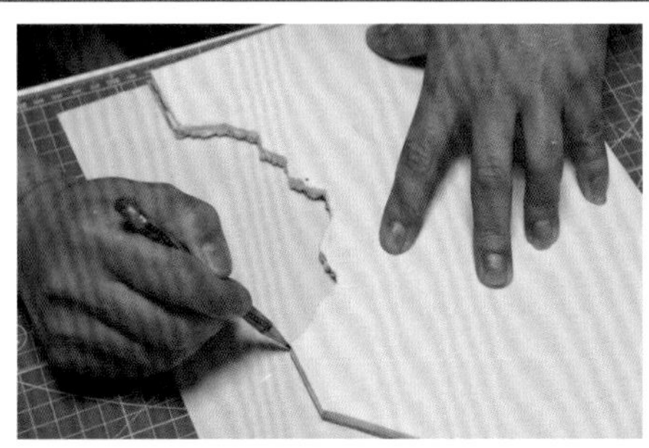

21 灰泥牆面是選用0.5㎜塑膠板製作。首先用雙面膠將塑膠板浮貼在壁面零件上，接著用鉛筆描繪出壁面零件的輪廓，等到剝下塑膠板後，再用美工刀沿著鉛筆線裁切出應有的形狀。

22 用0.5㎜塑膠板裁切出壁面形狀後，進一步將要表現灰泥剝落的部位裁切掉。

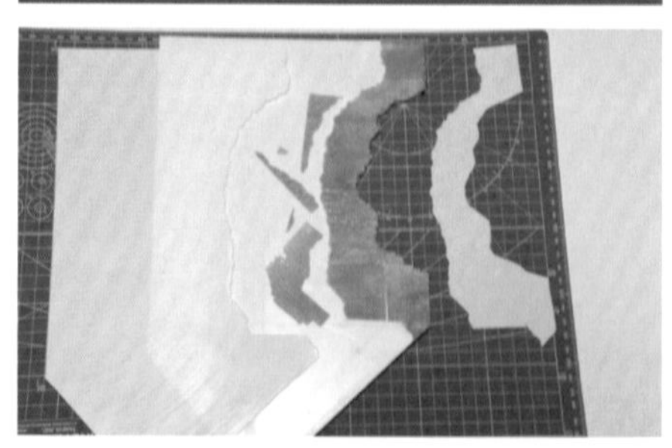

23 以剛才裁切的灰泥剝落部位作為模板，為先前黏貼的磚牆片零件裁切掉多餘部分。

24 將塑膠板做的灰泥牆部位，用TAMIYA模型膠水（流動型）黏貼在壁面零件上。

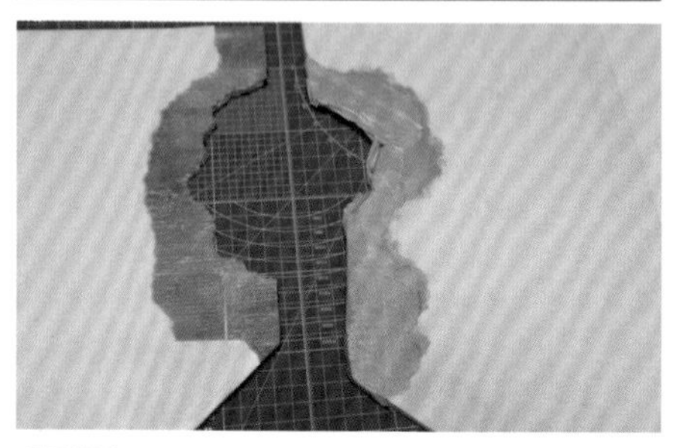

25 為了替灰泥牆部位塗布塑形劑，用遮蓋膠帶遮蓋磚牆片部位。

26 塗布以少量水稀釋過的塑形劑，為灰泥的質感與厚度。

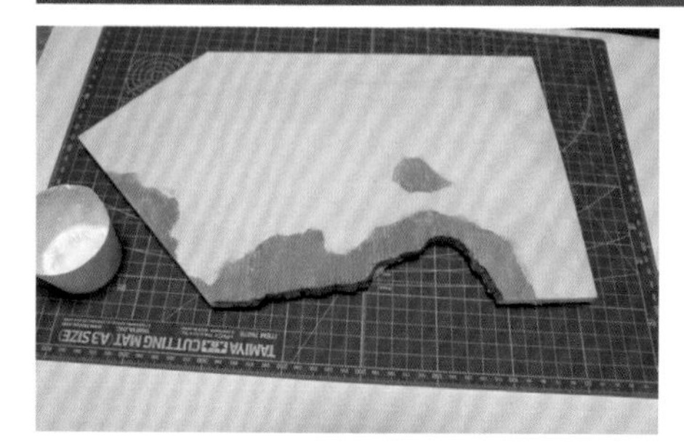

27 大致完成的模樣。附帶一提，照片中是用相同要領做出的另一份零件，因此灰泥剝落的部位和前一張照片裡不同。

28 用電雕刀、黃銅刷、電熱筆等工具微調交界處，消除不協調感。趁此時順便添加龜裂之類的痕跡也不錯喔。

內部／屋頂／窗戶／圍牆的製作

接下來，除了要做出地板、天花板、梁柱等建築物的內部構造之外，亦會一併製作瓦片屋頂、窗戶、建築物外頭的圍牆等部分。基本上是以利用塑膠材料製作為主，當然也會介紹如何做出木紋表現之類的技法。不僅如此，有一部分也會運用木材和樹脂材質複製零件等材料來呈現。

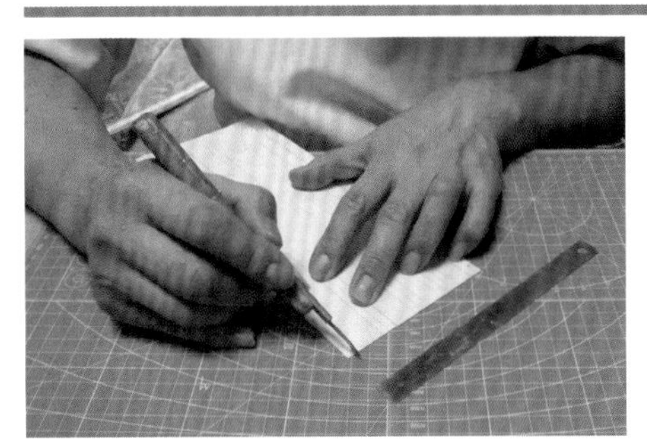

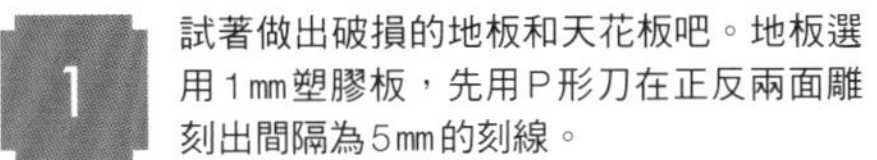

1 試著做出破損的地板和天花板吧。地板選用1㎜塑膠板，先用P形刀在正反兩面雕刻出間隔為5㎜的刻線。

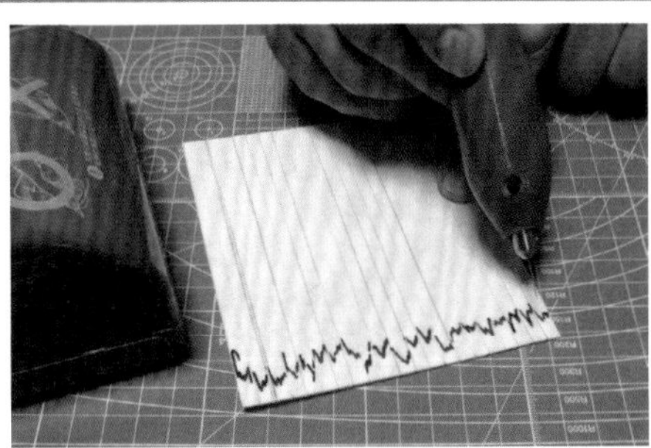

2 用麥克筆畫出地板破裂處的形狀，再用美工刀裁切出來。同樣地，這道作業若是手邊有超音波刀可用，能夠做得更輕鬆。

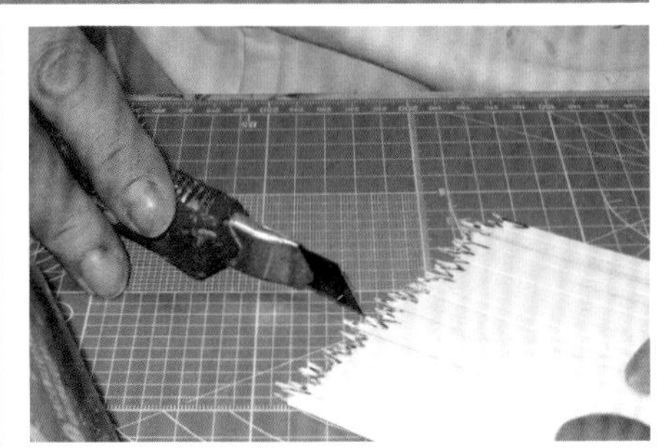

3 破裂處裁切完成後，用美工刀進一步削得更細碎，營造出木材斷裂後的模樣。

4 立起精工鋸的刀刃，順著刻線方向磨過塑膠板表面，藉此為地板添加木紋。

5 用精工鋸添加木紋後，改用P形刀、不鏽鋼刷、電雕刀等工具進一步強化出木紋。

6 地板完成。為了營造出很自然的感覺，最好是事先仔細觀察木材的質感，以及木材斷裂處等模樣。

7 再來要用5㎜方形檜木棒，做出建築物的梁柱。首先用美工刀、精工鋸、不鏽鋼刷等工具來加強木紋，還要更進一步用美工刀在打算折斷的位置劃出刻痕。

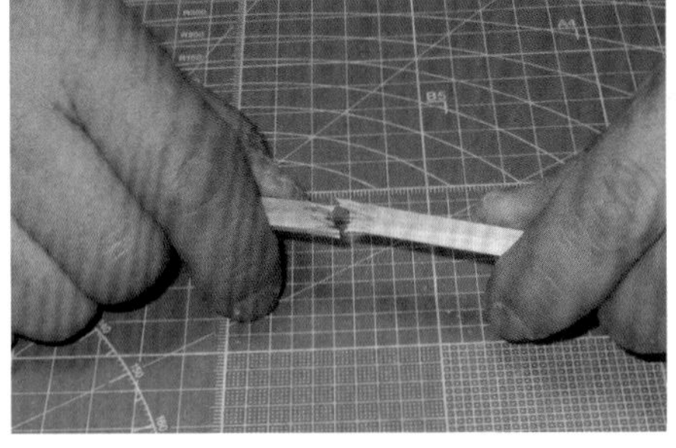

8 針對刻痕處，以邊扭轉邊拉扯的方式加以折斷。

9 為了讓斷裂面能顯得更細碎，用精工鋸做更細膩的切削。

10 將梁柱組裝起來，並用瞬間膠黏合固定在天花板內側／地板底下。

11 為4㎜×8㎜塑膠棒材添加木紋，用來製作屋頂的縱向梁柱。接著橫向黏貼添加木紋和破裂面的5㎜×1㎜塑膠板。

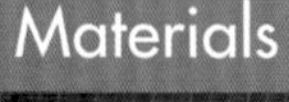

Materials

屋頂部位要重現日本和歐洲建築物常見的瓦片構造。基本上是利用0.5㎜塑膠板製作，並藉由TAMIYA補土和精工鋸，做出應有的質感。

12 在0.5㎜塑膠板表面塗布TAMIYA補土，並用抹刀等工具薄薄地抹開來。

13 用TAMIYA補土覆蓋表面後的塑膠板。

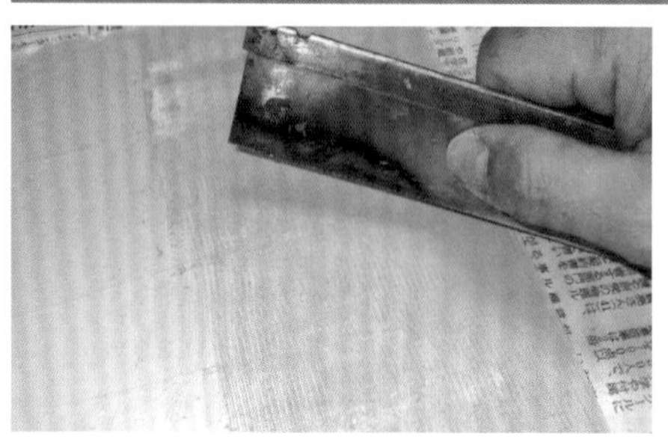

14 趁著TAMIYA補土呈半乾燥狀態時，用精工鋸往垂直方向添加木紋。

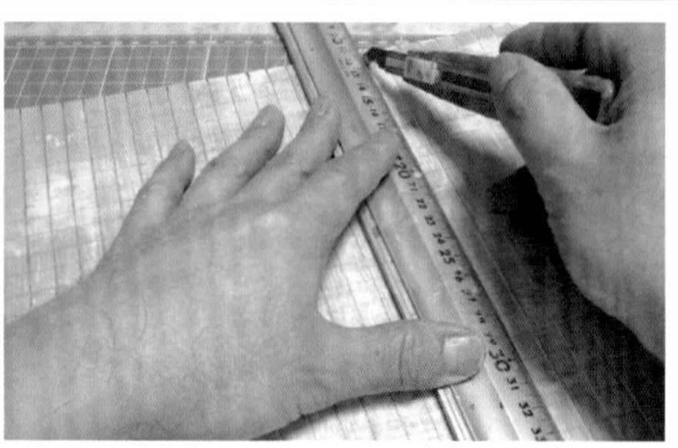

15 等補土乾燥後，以每格呈現邊長1㎝的正方形為單位，用P形刀雕刻出刻線。

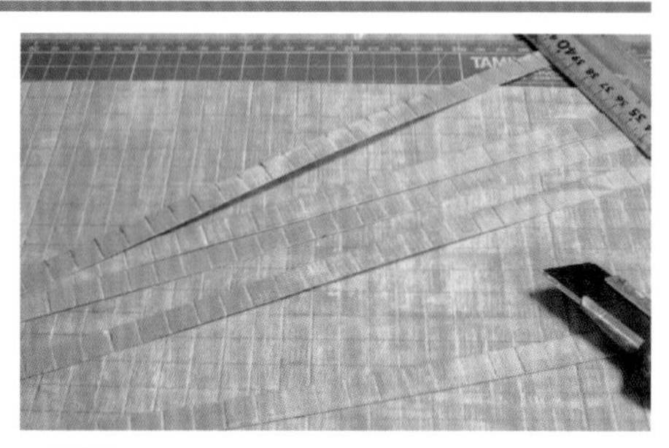

16 接著裁切成寬1㎝的長條狀零件。

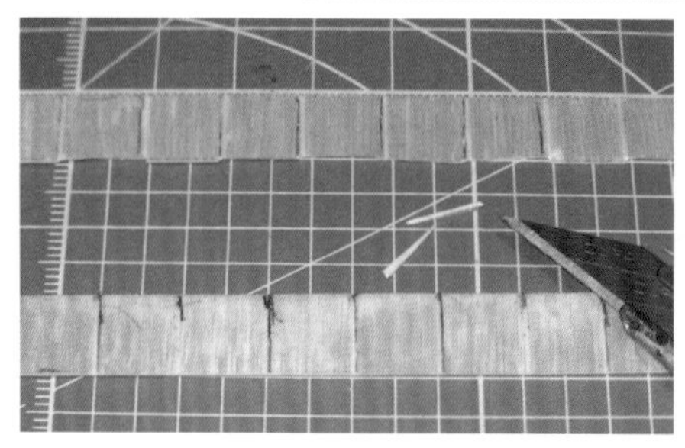

17 由於瓦片會隨著歲月流逝造成而老化，顯得有些參差不齊，因此還要用美工刀隨機添加高低落差。

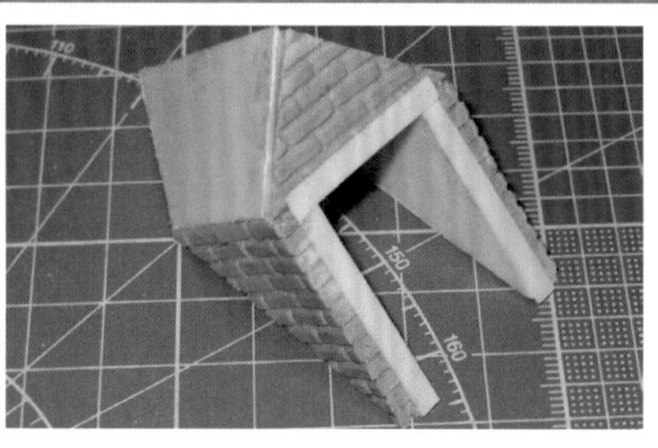

18 再來要製作屋頂內側的老虎窗。和壁面一樣，先用塑膠板做出雛形，再黏貼磚牆片，一共要製作2個。

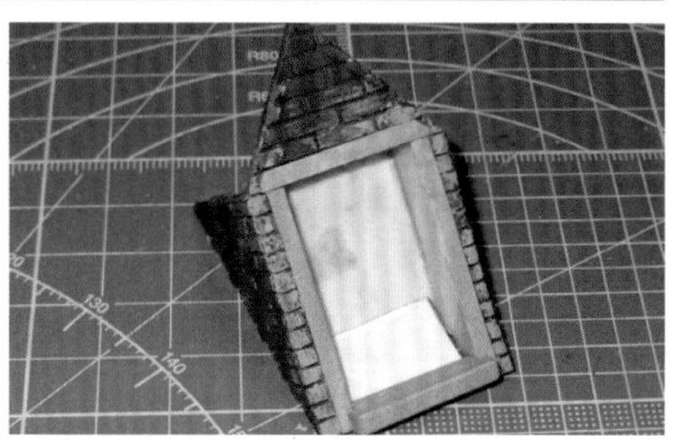

19 建築物左側的老虎窗，是直接裝設TAMIYA製磚牆模型組的零件來製作完成。

20 老虎窗黏合固定住後，將瓦片條裁切成適當長度，再以等間隔的方式用流動型模型膠水黏合固定。多餘的部分等之後再修剪即可。

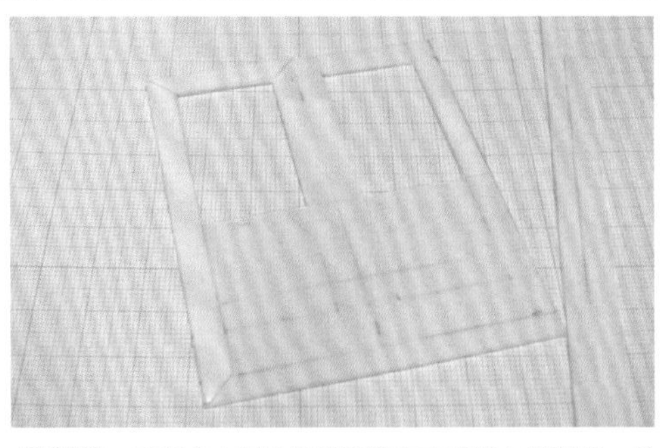

21 玄關處木門是比照繪製在方格紙上的輪廓，裁切0.5㎜塑膠板製作。亦要一併裁切出製作門框的塑膠條，後門也是運用相同要領做出。

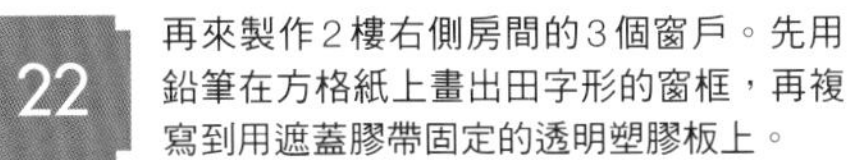

22 再來製作2樓右側房間的3個窗戶。先用鉛筆在方格紙上畫出田字形的窗框，再複寫到用遮蓋膠帶固定的透明塑膠板上。

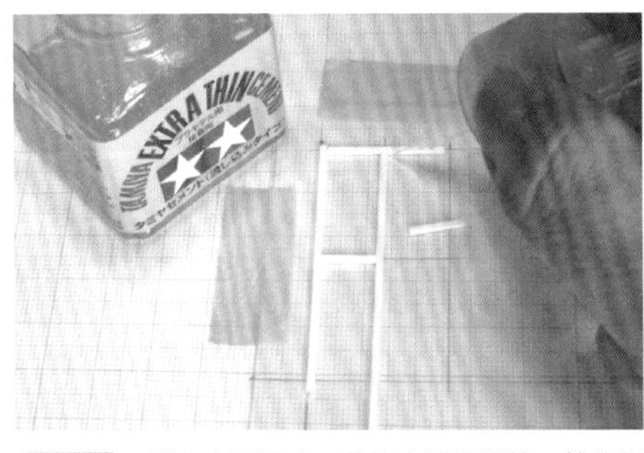

23 配合窗框尺寸，裁切方形塑膠棒，然後用流動型模型膠水黏合到透明塑膠板上。

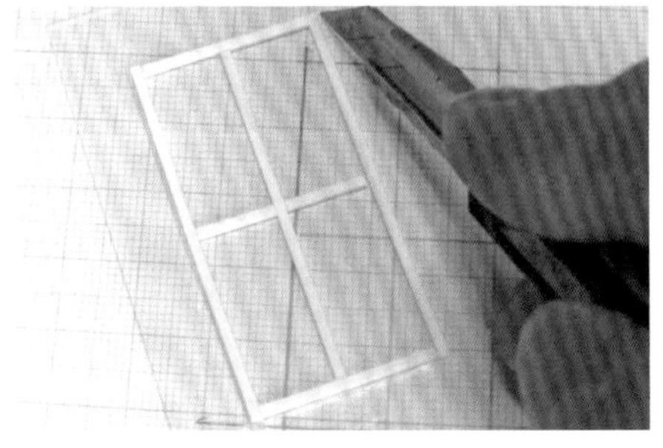

24 等到模型膠水乾燥後，將窗框外圍的多餘透明塑膠板修剪掉，這麼一來就完成了。

25 窗戶完成。想多做幾個尺寸相同的窗戶其實也很費事呢。其他窗戶也是按照相同要領製作出來。

Materials

玄關門扉處玻璃窗的裝飾，是使用CUSTOM DIORAMICS製「Cut-Glass Windows」加以呈現。

窗框則是選用了Plastruct製0.8㎜×1.5㎜方形塑膠棒來製作，至於玻璃則是用0.4㎜透明塑膠板做出。

26 一併自製磚造圍牆。圍牆與柱子是用TAMIYA製磚牆模型組和塑膠板做出，柱上裝飾品則是取自威靈頓製產品。這些都是先製作出原型，再用矽膠翻模，然後用樹脂灌模複製作出所需數量。至於欄杆部位則是以Mini Art製產品為基礎予以延長，然後同樣翻模複製使用。

製作地台

將道路、建築物、圍牆都製作到可以準備塗裝的狀態後，接下來終於可以試著設置在地台上了。另外，在此也要大致介紹一下地台主體的製作方法。

Materials

內框選用1.5㎜×1.5㎜角材，頂板與基座選用3㎜厚的膠合板。至於外框則是選用6㎜×1.5㎜角材。木材之間採取先塗布KONISHI製樹脂白膠G10來進行黏合，再進一步為接合部位注入瞬間膠以提高強度的黏合方式。地台尺寸為長52.5㎝×寬44㎝。照片中是完成後的地台底面。

屋簷下等建築物周圍的裝飾性構造，選用各種娃娃屋用裝飾棒來呈現。這種產品能夠輕鬆地呈現相當精緻的細部結構，使用起來相當方便呢。

1 將先前完成的石磚路和步道黏貼到地台頂板，亦即膠合板上後，其實會產生些許空隙，因此要拿漆筆為這類地方塗布用溫水稀釋過的塑形劑。

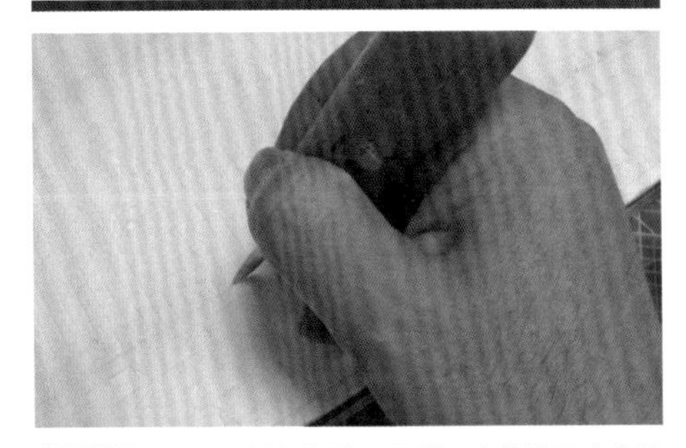

2 等塑形劑乾燥後，用錐子尖端修正堵塞過頭的部分。

3 再來製作外框。先將木框相銜接處裁切成45度。為了確保能美觀地銜接，用電動圓鋸機精準地裁切成45度。

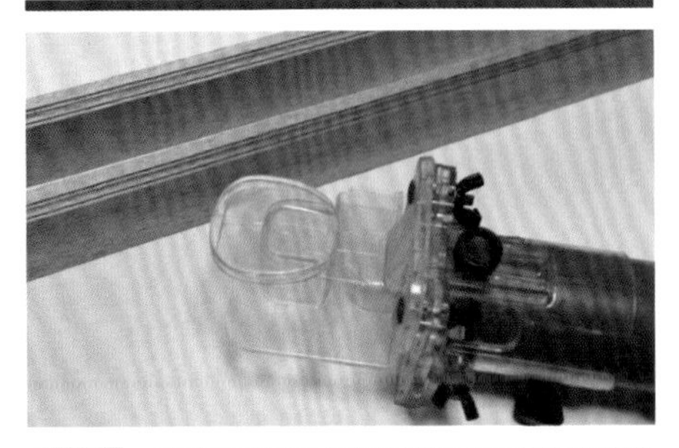

4 接著是用電動修邊機將外框的邊緣削磨出稜邊，這樣一來地台會顯得更美觀。

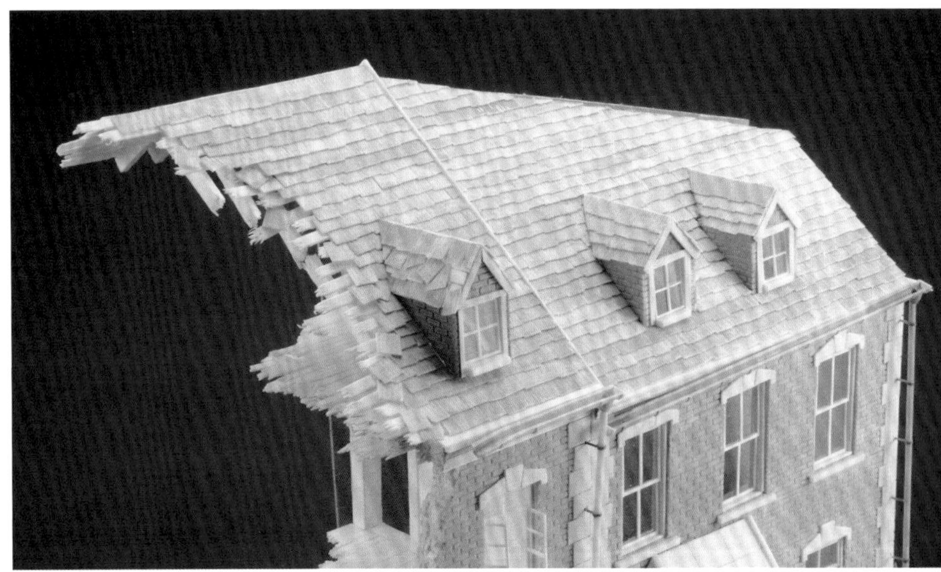

1 老虎窗上也要裝設屋瓦。損毀處要將屋頂底板做成有點參差不齊的模樣。簷溝是沿用自Mini Art製建築物模型組，排水管是用塑膠管做出的，水管固定架則是用鉛板和黃銅線自製的。
2 3 門口和窗戶周圍的裝飾，以及外延窗的窗簷都是用塑膠板自製而成。玄關一帶裝飾品是用Plastruct和evergreen製各式塑膠材料自製的。建築物的基礎部分是用塑膠板墊出所需厚度，與壁面的交界處則是黏貼方形塑膠棒。
4 已將縫隙填補起來的石磚路和步道。
5 建築物背面留有很大的開口，該處是用裁切成相符形狀的膠合板覆蓋，使這裡能顯得更美觀。

完成建築物與路面

接著要為建築物施加塗裝。不僅如此，也要為路面塗裝，並且灑上瓦礫。進一步為室內擺設家具之類的物品後，總算大功告成了。

Materials

為石磚路塗裝時，是拿家飾彩繪（為家具等物品描繪圖樣的手工藝之一）用的AMERICANA這款水性漆來上色。添加陰影時，則是選用GSI Creos製舊化漆來水洗（漬洗）。

和P. 31製作地面的方式相同，選用MORIN製碎石粒、海灘沙、混裝瓦礫，呈現路面的瓦礫和塵土。製作時是先將這些材料混合起來，再壓碎成更適當的尺寸使用。

裝設在門柱上的鐵柵門，選用KAMIZUKURI製「Iron Fence and Gate」。這款產品是將紙用雷射切割而成，有著非常精緻的細部結構。為了配合這件作品的寬度，因此會先稍微裁切後再使用。

1 為磚牆塗裝時，選用TAMIYA壓克力水性漆的消光黃＋消光紅＋紅棕色作為基本色。舊化後會變得較暗沉，因此會調得明亮些。

2 屋瓦部位也要塗裝。先將窗戶和磚牆部位遮蓋住，再用TAMIYA壓克力水性漆的消光藍＋消光白＋紅棕色來塗裝基本色。

3 為屋頂和壁面分色塗裝完成的狀態。接著為細部分色塗裝。

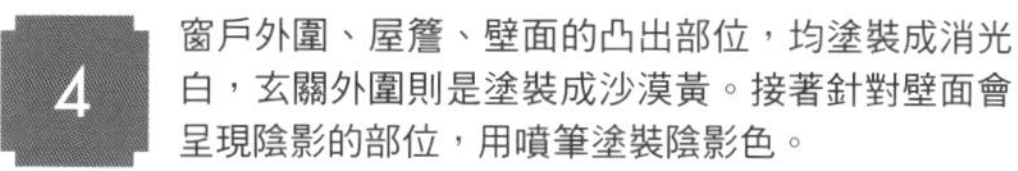

4 窗戶外圍、屋簷、壁面的凸出部位，均塗裝成消光白，玄關外圍則是塗裝成沙漠黃。接著針對壁面會呈現陰影的部位，用噴筆塗裝陰影色。

5 以壓克力水性漆的紅棕色＋消光黑噴塗陰影後，再用GSI Creos製舊化漆的地棕色等顏色施加水洗。

6 路面是拿噴筆來塗裝以水稀釋過的上述AMERICANA漆。等乾燥後再用舊化漆施加水洗，藉此為石板步道和石磚路面營造出立體感。

7 為路面灑上前述的瓦礫和塵土材料。附帶一提，為了改變色調，還混合數種質感粉末。至於固定時則是選用Super Fix這款膠水。

8 在建築物損毀部位旁等處應該會散落較大的瓦礫，因此直接將混裝瓦礫灑在這類地方。

9 比照P. 28的做法，為圍牆內側和步道旁適度地添加用瓊麻絲製作的草以及mininatur製的草。

10 木製品選擇塗裝TAMIYA壓克力水性漆的沙漠黃＋消光白作為底色。此外，作品中還將幾個抽屜改造成稍微抽出來的模樣。

11 木紋處是用舊化漆的地棕色和汙漬棕，以及油畫顏料的焦赭色來塗裝。這部分是先用汙漬棕塗裝底色，等乾燥後改拿細筆，以顏色較深的地棕色來描繪出木紋。接著是用焦赭色來添加光影效果，這樣一來即可營造出不錯的氣氛。

店鋪裡的日用品是取自plus model製「GROCERYSTORE」。零件中還包含貨架上的商品和蔬菜箱、櫃台上的收銀機等物品。

起居的房間裡選用Mini Art製「FURNITURE SET」。這款模型組將宛如娃娃屋用家具的細部結構縮小成1：35比例，相當便於搭配使用呢。

這棟建築物是仿效1樓為店鋪的法國住居印象製作而成。建築物右側做成了遭戰火波及而損毀的模樣，從毀損處可窺見房屋內部，這也是本作品的重點之一。設置在2樓寢室和1樓店面裡的家具和日用品，共同醞釀出生活感，不僅令人感受到戰爭帶來破壞無情的一面，亦營造出如同娃娃屋般「能窺見迷你房屋中是何模樣」的樂趣。玄關和後門的門扉，以及其他有木紋的部位，均應用家具類塗裝技法。玄關燈也是改造自Mini Art製模型組的零件。至於破裂的玻璃則是用透明塑膠板來呈現。

完成

將車輛和人物模型設置在台座上後，一切就大功告成了。這件情景模型的整體尺寸為長52.5cm×寬44cm×高42cm。光是建築本身就深具存在感，更有一定的高度，用來為這件情景模型營造出立體感可說是恰到好處。不僅如此，為遭到破壞的建築物搭配AFV（裝甲戰鬥車輛）後，更是造就了十足的戰場氣氛情景。在步道上設置TAMIYA製汽油罐、油桶，以及用塑膠板做出的木箱後，這些補給物資更是有效地點出這裡為戰場一事。至於路燈則是將Mini Art製產品改造得更高一些而成。

HOW TO BUILD STRUCTURE

建築物的製作方式

設置在這件情景模型左側的裝甲救護車為Sd.Kfz.25 1/8，這和出現在P.106「不幸的歸途」的其實是同一輛。右側那輛豹式戰車G後期型則是為TAMIYA製模型組徹底添加細部修飾而成，這件戰車範例在HOBBY JAPAN模型專輯《戰車模型製作的教科書 德國戰車篇》中有介紹製作過程，對於戰車和人物模型相關技法有興趣的玩家不妨參考該書。附帶一提，地台木材外露處是以加入消光黑TAMIYA壓克力水性漆的Washin製清漆（栗色）來塗裝。

SHUDDER OF PROLOGUE

1st PANZER DIVISION in FRANCE

戰慄的序幕

TAMIYA 1:35 scale plastic kit
PANZER KAMPFWAGEN IV Ausf.D use
SHUDDER OF PROLOGUE
1st PANZER DIVISION in FRANCE
the diorama built by Shutaro AOKI

1940年5月10日，德軍對法國和低地諸國發動攻擊，俗稱的西方戰役（法國戰役）就此展開。德軍主要攻勢是針對法軍防備薄弱的色當地區，由倫德施泰特上將麾下的A集團軍負責突破阿登森林。即使遭遇突襲而陷入慌亂，法軍仍有一些部隊果敢地展開反擊，雙方的戰車就此爆發激烈交戰。然而早已形同烏合之眾的法軍毫無勝算，A集團軍麾下的戰車部隊長驅直入色當，5月14日便順利地拔幟易幟為鉤十字旗……。

這件作品在地台上呈現西方戰役初期的色當一帶城鎮，在中央設置一條河流與石橋，兩岸則是配置建築物。在這個長度約1.5公尺的地台上，不僅利用諸多德法雙方車輛和人物模型，營造出將此地堵塞到水洩不通的景象，更在各處安排由獲勝的德軍第1裝甲師、戰敗的法軍士兵，以及難民所交織構成的故事。這件情景模型同樣是承蒙許多朋友、家人熱心協助才得以製作完成的呢。

（出處／軍武模型製作教範Vol.24，2012年）

SHUDDER OF PROLOGUE
1st PANZER DIVISION in FRANCE

243
231

這件作品是以筆者先前就很想挑戰的1940年5月時期西方戰役為題材，考證方面則是委託友人土居雅博兄協助，構想是打算呈現色當附近某個歷經戰鬥之後的法國城鎮。在這座利用河川、橋梁、建築營造出高低落差的地台上，以11輛各式車輛為首，搭配許多人物模型，藉此表現出第1裝甲師這支機械化部隊有著豐沛人員與物資裝備的氣氛。這件情景模型的整體尺寸為長155㎝×寬59.2㎝×高55.5㎝。

1 2

1 損毀的建築物是用TAMIYA製3㎜塑膠板製作。露臺處的門和欄杆取自Mini Art製模型組，玄關門取自威靈頓製模型組，簷溝和燈則是沿用Mini Art製模型組的零件。

2 瓦礫則是在MORIN製混裝瓦礫中加入CUSTOM DIORAMICS製磚塊零件而成。家具則是取自Mini Art等廠商的產品。

	2
1	3
4	5

1 散落在地上的三色旗，點出本作品主題所在。遭俘虜的法軍士兵主要是委託木村浩之兄製作。德軍士兵則是選用TAMIYA、Mini Art、ZVEZDA等廠商的產品。
2 Opel Blitz是拿TAMIYA製3噸4×2卡車搭配ITALERI製貨台改造而成，更利用Passion Models製蝕刻片添加細部修飾。
3 TAMIYA製B1 bis是請竹村典夫兄製作。不僅將履帶加工修改得更薄，還自製從敞開艙門處可以窺見的內部。投降的法軍戰車兵選用威龍、Mini Art製模型組。
4 德軍的負傷士兵、醫護兵，是拿威龍、TANK、威靈頓等廠商製模型組改造而成。路標取自Mini Art製模型組的配件，並且黏貼塑膠板予以重現。
5 四號戰車C型是拼裝TAMIYA製四號戰車H型車身和D型用砲塔來重現。底盤一帶沿用Tristar（路輪等處）、威龍（履帶）等廠商製模型組的零件，並且用ABER製蝕刻片添加細部修飾。

6 河川兩岸的護岸壁是加工TAMIYA製3㎜塑膠板來呈現。水面是先將KATO製寫實造水膏用壓克力漆著色，等乾燥後再用德蘭製模型擬真塗料添加修飾而成。
7 拿照相機拍攝俘虜群的PK（宣傳中隊）成員，是拿威龍製Sd.Kfz.181虎式極初期型所附的人形改造而成。
8 ICM製「Henschel 33 D1 WW Ⅱ German Truck」是由川上尚之兄製作。貨台上裝載plus model製汽油罐等物品，德軍士兵主要是選用Mini Art製模型組。
9 利用威靈頓製「Small River Barge」重現繫留在河川上的貨船。護岸壁排水溝附近的老鼠群則是取自MINITURES mantis製「Animal Set 10」。

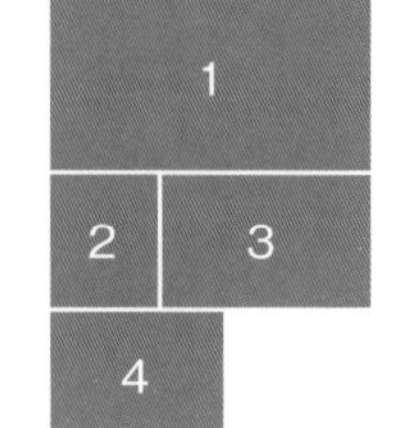

1 石橋是拿plus model製「Road bridge」用樹脂複製後，再用威靈頓製零件增寬而成。路燈取自TAMIYA製1：48路標模型組。欄杆是請新田泰三兄兄製作的。

2 從橋上走過的德軍士兵，是拿ICM、TANK、CUSTOM DIORAMICS、威龍等廠商製的人形改造而成。

3 TAMIYA製8噸半履帶車Sd.Kfz.7，是拿SHOWMODELLING和VOYAGER製蝕刻片、MODELKASTEN製履帶添加細部修飾而成。

4 拖曳在後的重迫擊砲，選用威靈頓製「GERMAN WW Ⅱ 21cm HEAVY MORTAR」。至於拖車部位則是以airmodel製「Protze für Langen 21cm Mörser」為參考，利用塑膠材料自製。

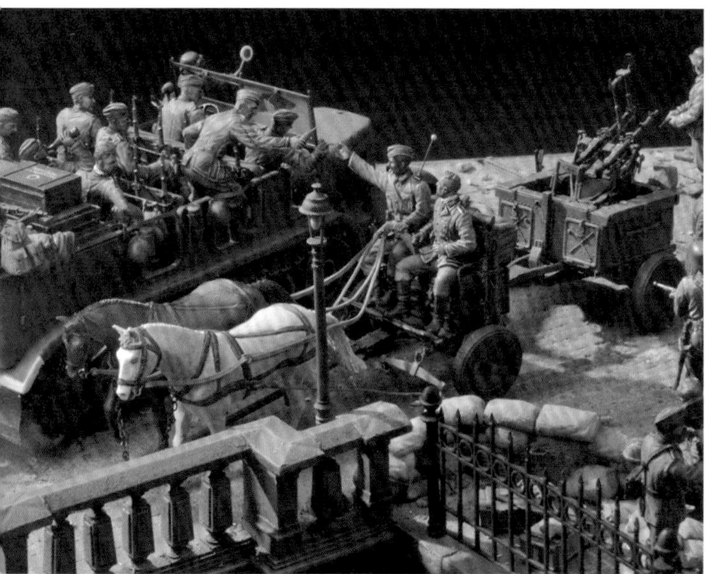

5	6
	7

5 MG34連裝防空機槍搭載馬車，取自AZIMUT製樹脂模型組「MG. WAGEN（IF5）m.ZWILLING SOCKEL 36」。至於馬鬃則是用電熱筆添加細部修飾。
6 無線指揮車Sd.Kfz.223，是以TAMIYA製模型組為主體，搭配eduard製蝕刻片添加細部修飾而成。
7 機車選用自ZVEZDA製「GERMAN R-12 HEAVY MORTORCYCLE WITH RIDER AND OFFICER」。輻條部位不僅用筆刀削薄，更追加手邊現有的蝕刻片零件。

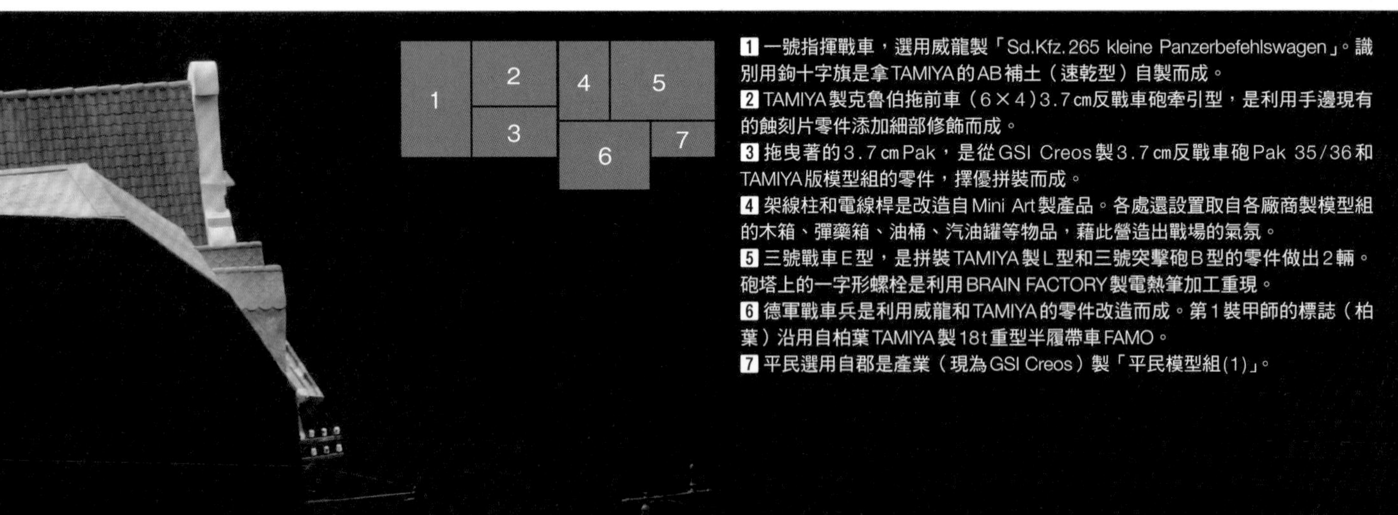

1 一號指揮戰車，選用威龍製「Sd.Kfz. 265 kleine Panzerbefehlswagen」。識別用鉤十字旗是拿TAMIYA的AB補土（速乾型）自製而成。
2 TAMIYA製克魯伯拖前車（6×4）3.7㎝反戰車砲牽引型，是利用手邊現有的蝕刻片零件添加細部修飾而成。
3 拖曳著的3.7㎝Pak，是從GSI Creos製3.7㎝反戰車砲Pak 35/36和TAMIYA版模型組的零件，擇優拼裝而成。
4 架線柱和電線桿是改造自Mini Art製產品。各處還設置取自各廠商製模型組的木箱、彈藥箱、油桶、汽油罐等物品，藉此營造出戰場的氣氛。
5 三號戰車E型，是拼裝TAMIYA製L型和三號突擊砲B型的零件做出2輛。砲塔上的一字形螺栓是利用BRAIN FACTORY製電熱筆加工重現。
6 德軍戰車兵是利用威龍和TAMIYA的零件改造而成。第1裝甲師的標誌（柏葉）沿用自柏葉TAMIYA製18t重型半履帶車FAMO。
7 平民選用自郡是產業（現為GSI Creos）製「平民模型組(1)」。

243
231
231

1 這些建築物基本上也是用TAMIYA製塑膠板做出，屋頂是用Plastruct和HIRUMA MODEL CRAFT的零件製作而成。另外，門扉和窗框等處則是選用威靈頓和Mini Art製零件。招牌上的商標等處邀請到Laurent Lecocq先生幫忙審核，玩具店的法語店名為「AU PETIT TRAIN（小電車）」。

2 ICM製「le.gl.Einheits-Pkw（Kfz.2）」是請川上尚之兄製作。篷布部位利用AB補土增添分量，還追加蝕刻片零件。到前線視察的軍官取自TAMIYA製野戰指揮官模型組。

3 自行車取自TAMIYA製自行車行軍模型組。牽著車的士兵選用ICM製產品。

4 櫥窗中的玩具取自plus model製「TOYS I」。

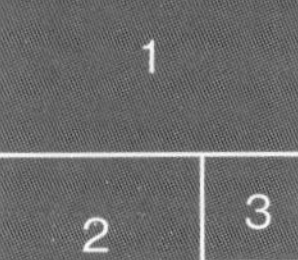

PETIT TRAIN
243
231

RUNNING ABOUT

奔走

TAMIYA 1:35 scale plastic kit
Panzerkampfwagen III Ausf.L conversion Ausf.J use
RUNNING ABOUT
the diorama built by Shutaro AOKI

1941年的夏季，投入巴巴羅薩行動的德軍裝甲部隊勢如破竹，蘇聯軍只能一路敗逃。但俄羅斯實在過於幅員寬廣。在戰力稱不上是十分充足的狀態下，德軍未能在冬季到來前成功占領莫斯科，導致戰況轉而變得相當嚴峻。因此他們只好不斷地「奔走」……。

這件作品是打算呈現德軍裝甲部隊架設浮橋，打算渡河的一景。在分割為兩塊，廣達151㎝×95㎝的大尺寸地台上設有8艘浮橋船，以及可設置數輛車輛的橋桁，這些幾乎都是全自製重現。不僅如此，在浮橋旁還加上正在進行整備和補給的戰車、小隊規模的步兵部隊等各式要素。製作期間，金子辰也兄、五嶋拓成兄、小林正幸兄、高山カツヒコ兄、託摩詠規兄、田村廣幸兄、宮本拓兄、山田稔修兄等人，無不在資料、建議、製作等各方面提供莫大的協助，使這件作品得以順利完成，在此要特別感謝他們幾位的大力幫忙。

（出處／軍武模型製作教範Vol.21，2009年）

ABOUT

WH-A
172

除了由工兵架起的浮橋，以及打算渡河的車輛群之外，在岸邊還有著由指揮官坐鎮的部隊、正在接受整備補給的戰車，以及準備過橋渡河的小隊規模步兵部隊⋯⋯。對趕路的軍隊來說，「橋」可說是最棘手的隘路。在這種狀況下，可以看到他們露出各式各樣的神情。

Abstand
50 m
WH 1276893

1 **2** 駛上浮橋將渡河的8噸半履帶車Sd.Kfz.7初期型，選用小號手製模型組，搭載二號戰車的Sd.Ah.115拖車則選用elite製模型組。浮橋雖然是以elite製模型組為基礎，但實際上幾乎是自製的。

3 半履帶車上的士兵，主要是拿Mini Art製人物模型改裝而成。作品中呈現其中一人從箱子裡拿出蘋果交給同袍的景象，營造出休息時間的輕鬆和緩氣氛。

4 浮橋船是先自製1艘，再複製為樹脂零件，湊齊所需數量。補強板和桁架等構造是用evergreen製塑膠材料做出，帶狀排列鉚釘則是選用鐵道模型的蝕刻片零件。

5 工兵架橋時所使用的橡皮艇，取自威龍製「德國 浮橋模型組」。

6 裝載在拖車上的二號戰車C型（修改型）選用TAMIYA製模型組，這部分是請託摩兄製作的。機關砲的砲管、機槍的槍管、增裝裝甲的尖頭螺栓均換成Adlers Nest製金屬零件作為細部修飾。

浮橋的構造參考了岡[illegible]宇兄和五嶋兄借予的《……
im Einsatz 1939-1945》和《BRIDGE BUILDING EQUIPMENT》這兩本書；而以塑膠材料自製的浮橋船，是請高山兄利用真空脫泡器，透過複製湊齊所需的數量。由於橋面左右兩端會呈現微幅差異的裁切口，因此是拿10㎜×2㎜角材裁切出180條之後，再以2條一組的形式拼裝黏合而成。這部分是用精工鋸添加木紋，並用油性著色劑上色。主桁的I型鋼選用Plastruct製塑膠材料來呈現。用以固定I型鋼的諸多夾鉗是用塑膠板做出原型，再請高山兄複製出其中一部分，花了一星期製作出共計30個。豎立在浮橋兩側的橋墩，是用evergreen製塑膠材料自製出來，更用風箏線拉出張線。河川水面是用VOLKS製透明矽膠做出的，這部分還改變調色，分3次灌注，營造出河水的深邃感。這件情景模型的整體尺寸為長151㎝×寬95㎝×高37㎝。

1 2 停在路肩進行整備與補給的三號戰車J型，是修改自TAMIYA製L型，並添加細部修飾而成。裝設在車身上的備用履帶為FRIUL製金屬材質產品。加油口一帶和幫浦則是以舊郡是產業製「三號戰車／供油 注油作業」來呈現。

3 繳獲車輛GAZ AAA卡車選用ZVEZDA製模型組。貨台上裝載油桶，防水罩是用AB補土做出。作業台上則是放置eduard製工具類配件，藉此重現整備時的光景。

4 正在裝設「HALT！（停止）」路標的憲兵，選用Mini Art製模型組。在這種地方可不能少了負責交通管制的憲兵。

5 KS750邊車選用獅瑞製模型組，完工修飾是請託摩兄負責。機槍部位換上Adlers Nest製金屬槍管，騎乘的士兵是拿SMA製人物模型改造而成，邊車上的豬則取自LEGEND製「機車乘員與豬」。

1 **2** 這邊的三號戰車J型，在製作形式上與另一輛相同，不過還利用舊郡是產業製的「三號戰車M型 戰鬥室內部」重現整備中的狀態，砲管也換成tasca製金屬零件，擋泥板亦換成Part製蝕刻片零件。至於其他地方則是用eduard製蝕刻片零件添加細部修飾。另外，忙中偷閒的戰車兵們選用威龍和威靈頓製模型組。

3 在後側設有較高聳星型天線的無線指揮車Sd.Kfz.251/3 Ausf.B，選用ZVEZDA製模型組，在製作上還利用各種蝕刻片等材料添加細部修飾。

4 TAMIYA製水桶車利用AB補土，對細部結構做了幅度稍大的修改，並且利用eduard製蝕刻片零件添加細部修飾。

5 無線指揮車的無線電機一帶以及指揮官的耳機等處均設置配線，另外還製作成掀開引擎蓋露出引擎的模樣。持拿雙筒望遠鏡的軍官選用自LEGEND製模型組，拿著地圖的軍官選用自威龍製模型組，兩者均施加小幅度的改造。水桶車的車內亦放置各式裝備，藉此營造氣氛。
6 裝載浮橋機材的PF11拖車選用elite製模型組。掛在各處的軍服上衣則是取自威靈頓製模型組，只有長褲是用AB補土自製的。在洗澡的士兵們則是選用國外金屬材質人物模型廠商製產品。
7 **8** 拼裝TAMIYA製3噸卡車、AZIMUT製「Opel Blitz 多人座指揮車」的車身零件，重現移動指揮所。後側車頂上還裝載許多貨物，車內設有恩尼格瑪密碼機和無線電機等器材。至於人物模型則是由TAMIYA製「德國步兵休息模型組」改造而成。

5 6 7 8

1 民房是用巴沙木製作而成的。屋頂則是先在0.5㎜塑膠板上平坦地塗布TAMIYA補土，接著用精工鋸添加紋路，再裁切成均等的素材，拼裝製作而成。玄關前的幫浦水井還設置plus model製「動物水桶」。

2 3 4 馬匹取自ESCI製「補給馬車」，馬車是沿用TAMIYA製「德國野戰炊事模型組」的零件做出。拖曳的LeFH 18榴彈砲選用AFV Club製模型組，只有車輪是沿用舊郡是產業製模型組的金屬零件。至於砲口罩則是用AB補土自製。

5 6 7 8 步兵是用威龍、WARRIORS、Preiser、威靈頓、TANK製產品，以及由平野義高兄製作的人形來呈現。背著無線電機的被俘志願兵則是取自Mini Art製模型組。由於地台的尺寸較大，因此足以呈現小隊規模的行軍場面。

雖然行軍中的步兵是以持拿步槍為主，卻也適度地穿插機槍手。除此之外，亦安排帶著彈藥箱、脫下鋼盔、負傷，以及舉起手來等多種樣貌的士兵，稍加賦予變化。這件情景模型上共計有79名士兵呢。

RETURN OF MISFORTUNE

不幸的歸途

TAMIYA 1:35 scale plastic kit GERMAN TIGER I TANK LATE VERSION use
RETURN OF MISFORTUNE
the diorama built by Shutaro AOKI

1944年底，可說是希特勒最後一搏的阿登攻勢遭受挫敗，隨即在隔年便派出諸多裝甲兵力前往匈牙利這個新戰場。另一方面，面對在「巴格拉基昂行動」後氣勢如虹，不斷往前推進的蘇聯軍，德國東部戰線只能持續往後退。從西部戰線轉進，載著戰鬥車輛的列車，以及載運東部戰線後撤傷兵的貨車，就這樣在銜接德國東西鐵道的要衝地相遇了。然而位於德國境內的此地也已不再和平安詳，空氣中瀰漫著血與硝煙，以及機油的味道……。

這件作品打算呈現出在第二次世界大戰尾聲已淪為戰場的德國境內火車站，整體有著長156㎝×寬85.5㎝×高44㎝，尺寸相當龐大。配置的物件以2輛虎式戰車為首，包含鐵道相關車輛共12輛、其他車輛共9輛、人形共計40名、建築物共6棟，以及鐵道與號誌機，可說是名副其實地塞滿，花了約10個月的工夫才總算製作完成呢。另外，這件作品也同樣承蒙友人山中孝兄、山中誠兄、嘉瀨翔兄、五嶋拓成兄在製作上鼎力相助。

（出處／軍武模型製作教範Vol.17，2005年）

114

這件情景模型呈現1945年初的德國境內鄉下小火車站。在這個車站裡，載運著派普戰鬥群旗下SS第501重戰車大隊的殘存車輛──亦即虎式戰車──前往東歐的軍用列車剛好到站。另一方面，在東部戰線中遭逢損耗的部隊也返抵此地。然而就在此時此刻，竟然遭到蘇聯軍的襲擊，這件作品正是打算呈現歸返士兵們奮起迎戰的一景。

由於整個地台有著長156㎝×寬85.5㎝的龐大面積，因此採取分割為兩塊的形式來製作。從照片左側那輛有蓋貨車上搬運下來的傷兵，選用自WARRIORS和威靈頓製模型組。無蓋貨車選用威龍製模型組，搭載的F38為TAMIYA製模型組，這部分還換裝JORDI RUBIO製金屬砲管。至於車上的士兵則是選用自HOBBY FAN、威龍、威靈頓製模型組。兩具高聳豎立的臂木式號誌機是由山中孝兄製作而成，這部分可是根據相關資料精密地重現。

■1 ■2 裝甲運兵車Sd.Kfz.251/1 D型，選用AFV Club製模型組，還利用ANDREA製MG34、Cal-Scale製MG42等產品添加細部修飾。車輛後方的步兵選用威靈頓製模型組，左右兩側的步兵則是選用WARRIORS製模型組。
■3 裝甲救護車Sd.Kfz.251/8，是拿威龍製Sd.Kfz.251/1 C型和MR MODELS製模型組拼裝做出。
■4 抱起倒地士兵的那名士兵，是拿威靈頓以及TAMIYA製模型組拼裝製作而成。而在其後方的2名士兵則是選用WARRIORS製模型組，至於更後方的兩名士兵則選自威靈頓製模型組。平交道面板是用evergreen和Plastruct製塑膠材料拼裝做出。

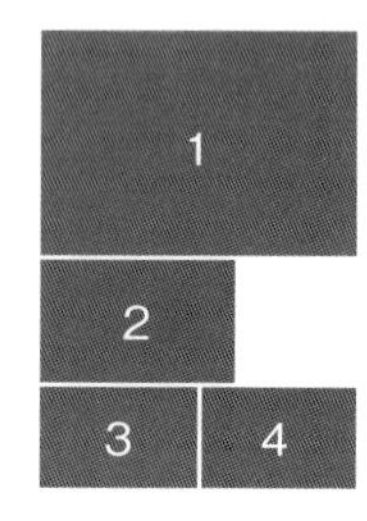

5	
6	7
8	

5 6 虎式戰車最後期型是為TAMIYA製模型組添加細部修飾而做出。纜線取自PANZER WORKS製模型組，防空機槍架取自威龍製模型組。較細的履帶取自FRIUL製貨車運輸用版本，放置在車身底下的履帶則是使用模型組原有零件。附帶一提，雖然虎式戰車的砲塔透過鐵路運輸時，應該要轉向後方才對，不過為了美觀起見，範例中仍是朝向前方。

7 雜物箱選用JAGUAR製樹脂零件，藉此重現掀起盒蓋的狀態。OVM托架則是選用ABER製零件。

8 MG34機槍手和他身旁的士兵取自威靈頓製「SS MACHINE GUN TEAM」，至於在前方被擊中的士兵則是取自「HIT！」。

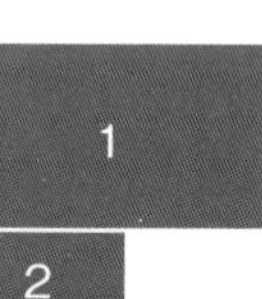

1 後方的虎式戰車與前面那輛，皆採用為TAMIYA製模型組添加細部修飾的方式製作而成。為了表現出這是久經使用的車輛，因此防磁塗層製作成四處斑駁剝落的狀態。Typ Ssy平板貨車則是選用威龍製模型組。

2 **3** 引擎蓋、進氣口防爆網則製作成開啟狀態，呈現出正在進行檢查的模樣。內部利用威靈頓製樹脂模型組「TIGER REAR COMPARTMENT」，重現引擎一帶的構造。雖然標誌類選擇重現SS第1裝甲師麾下的第501重戰車大隊所屬車輛，但實際上並不確定該大隊在阿登戰役至1945年這段期間是否配備有虎式戰車。

4 5 經由平板貨車載運的18噸半履帶車「FAMO」，選用自TAMIYA製模型組。貨台處篷罩是用面紙做出，駕駛座篷罩則是利用DECAL STAR製樹脂零件作為細部修飾。

6 FAMO在貨台上裝載已卸下輪胎的兩棲車。這輛車也選用TAMIYA製模型組，而且還添加掉漆痕跡，表現出長久使用的感覺。

7 無蓋貨車選用威龍製模型組，這部分的裝載選用PIT-ROAD製模型組呈現的霍奇基斯H39。連較落伍的繳獲戰車也得留下來使用，透過這一點表現出戰況極為吃緊的現實。

■1■2 裝甲列車Draisine選用IRONSIDE製塑膠模型組。這部分包含裝有三號N型砲塔的砲車，以及備有框形天線的指揮車。
■3 在電線桿旁用SG44開火射擊的士兵，選用WARRIORS製模型組；遭擊斃的士兵則沿用威靈頓製「RUNNING FOR COVER」。後方手持MP40奔跑的士兵取自威靈頓製「BATTLE！GERMAN INFANTRY」。
■4■5 Phänomen-Granit 1500A卡車選用SMA製樹脂模型組。貨台上適度地放置威靈頓、ORDNANCE等廠商製的配件。

1	
	2
3	
4	5

6 鐵軌處軌枕墊鈑是由嘉瀨兄提供，他所準備的1000個幾乎全部都使用上了。枕木是由木製角材加工而成，鐵軌選用威龍製模型組。有蓋貨車主體是用塑膠材料自製的，底盤則是沿用自威龍製模型組。

7 在鐵道旁用擔架搬運負傷者的士兵，選用威靈頓、HOBBY FAN製模型組，以及由平野義高兄製作的人形。

8 照片下方這輛火車，為德國國營鐵路在都市近郊區間的雙層通勤列車牽引用流線型蒸汽機車BR60，選用西班牙廠商BALLADE製樹脂模型組，是由山中孝兄製作完成，而且做成連結器一帶已取下外罩的狀態。亨舍爾公司研發的這種蒸汽機車其實僅製造3輛，設置在這種鄉下小站或許有幾分不合理之處呢。雖然長度大概只有上方那輛BR52的一半，不過其另類外形卻散發出絕佳的存在感。

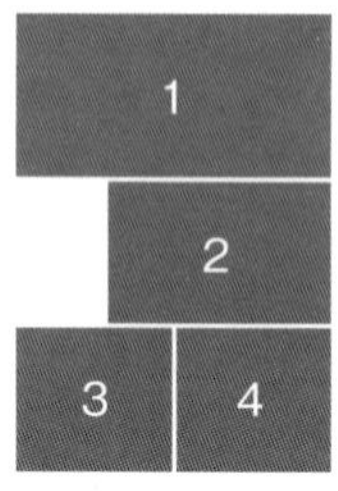

12 這輛德國國營鐵路的戰時型蒸汽機車52型（BR52），是以Tank Workshop製樹脂模型組為基礎，由山中孝兄、山中誠兄這兩位製作完成。以鍋爐為中心的車身整體幾乎都經過修改，甚至還講究地修正傳動輪的形狀，再複製湊齊所需數量。附帶一提，由於這輛蒸汽機車位於較難一窺全貌的地方，因此這裡改為刊載在HJ月刊2004年10月號中重新收錄的照片。

34 起重機操作室是以筆者向嘉瀨兄借用的資料為準，利用evergreen製塑膠材料和1.2㎜塑膠板做出頗有那麼一回事的模樣。至於樓梯則是利用evergreen和Plastruct製防滑紋塑膠板做出。

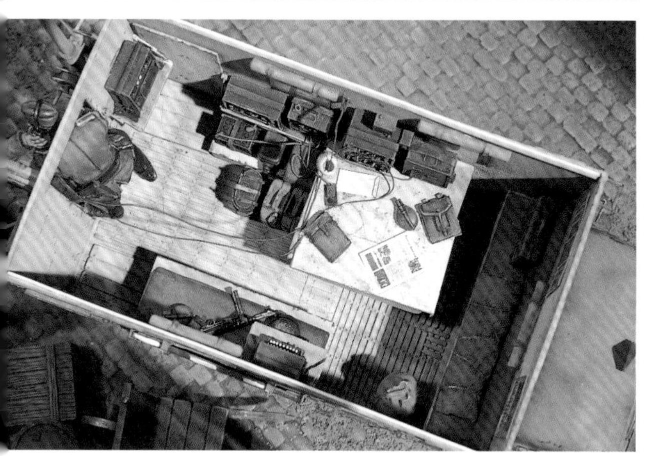

5 7 8 6 9

5 **6** 無線電設備車選用ITALERI製「Opel Blitz管制用廂型車」，還利用eduard製蝕刻片添加細部修飾。指揮拖車選用IRONSIDE（AZIMUT）製樹脂模型組。艙蓋和某幾扇車門是用塑膠板新製作的。車頂上則是裝載自製的木箱，以及威靈頓製貨物模型組。

7 指揮拖車的模型組本身就有重現內部設備，這方面有著密碼機、打字機，以及電報機等諸多器材。

8 無線電設備車搭配威靈頓製內部模型組，並設置各種無線電機等設備。

9 火車庫在製作上是將CUSTOM DIORAMICS的樹脂材質磚牆片複製成板狀樹脂零件後，接著黏貼在TAMIYA製塑膠板上，然後利用塑膠板等材料添加細部修飾而成。

1 跨線橋、橋墩是用evergreen和Plastruct製塑膠材料做出的。橋上的號誌機也是用塑膠材料自製而成。
2 煙囪是先將厚紙板捲成圓筒狀後，接著用合成橡膠系膠水黏貼CUSTOM DIORAMICS製磚牆模型組做出的。
3 水塔下側是以PVC製花盆為基礎，黏貼HANZA SYSTEMS製塑膠材質磚牆零件製作而成。中間是以塑膠板為芯，黏貼複製為樹脂材質的磚牆片來呈現。最上方則是藉由黏合2個壓克力筒做出。
4 **5** 轉轍器操作室是先用塑膠板做出外框，再用石膏灌模做出零件，然後將這些零件拼裝起來做出的（細部結構是利用各種塑膠材料來呈現）。屋頂是透過複製建築模型用屋瓦的方式予以重現，因為外壁損毀而得以窺見的內部操作桿是從TAMIYA製「18t半履帶車戰車回收裝飾配件模型組」沿用滑車零件來呈現。

本作品正如前述，是在以多位友人為首，加上TAMIYA等廠商，還有家人的大力協助下才得以完成。在此感謝各位的大力幫忙！

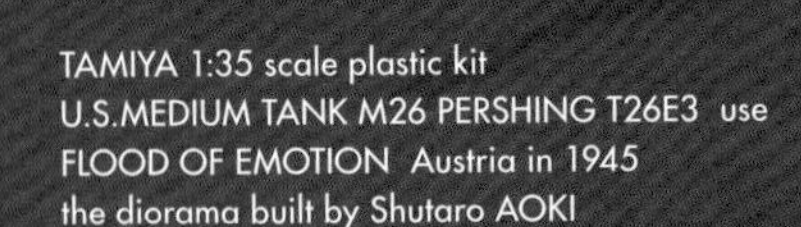
TAMIYA 1:35 scale plastic kit
U.S.MEDIUM TANK M26 PERSHING T26E3 use
FLOOD OF EMOTION Austria in 1945
the diorama built by Shutaro AOKI

FLOOD OF EMOTION 百感交集

Austria in 1945

1944年，為了對抗德國的虎式重戰車等兵器，因此研發T26E3，在1945年1月時送往比利時進行試驗後，很快地便投入實戰中。到了3月之際更以M26潘興重戰車為名獲得制式採用，雖然巴頓將軍麾下的第三軍陸續部署這種戰車，但戰爭早已進入德國戰車數量大減的階段，導致它還來不及立下顯赫戰果，戰爭便宣告結束了……。

在友人奧川泰弘的建議下，這件作品在架構上改以較為冷門的美軍車輛為主。舞台選擇1945年戰爭甫結束的澳洲，主角為結束對抗德軍的戰鬥後，準備歸國的美國巴頓第三軍。目標是從多方面來呈現克服名為戰爭的「苦難」後，士兵們所呈現的神情，因此作品名稱亦取為「百感交集」。

製作期間大概是7個月。這件作品也同樣是在承蒙竹村典夫兄、五嶋拓成兄、土居雅博兄等諸多友人的大力幫忙，以及TAMIYA、tasca、MORIN、Adlers Nest等多間廠商的熱心協助下，總算才得以順利完成呢。

（出處／軍武模型製作教範Vol.23，2011年）

SCHLOSSEREI

HOTEL
METZGEREI

這件作品是以戰爭甫結束的歐洲為舞台，呈現美國第三軍準備返國途中的一景。主角為打算進入河裡的2輛M26，在多位模型同好的協助下，一併重現吉普車、半履帶車，以及戰車運輸車等種類豐富的諸多美軍車輛。另一方面，河裡還設置1輛遭擊毀的四號戰車，藉此營造出相對的哀愁氣氛……。其中還設置許多美軍士兵和平民，有的神清氣爽，有的則是在沉思些什麼，呈現相當多樣化的神情，從名為戰爭的這場苦難中獲得解放後，人們心中的故事均蘊含在這件情景模型中。作品整體的尺寸為長124㎝×寬75.5㎝×高43.5㎝。

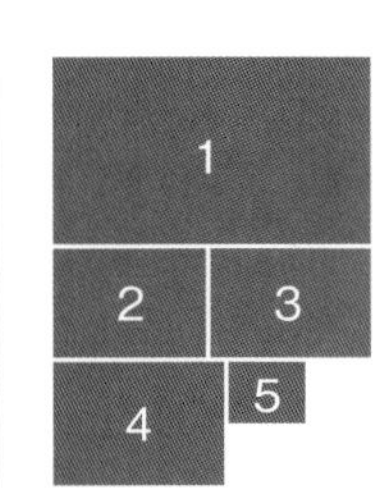

1 2 M26潘興戰車選用TAMIYA製模型組。這部分利用FRIUL製金屬履帶呈現隨著地面有所凹凸起伏的模樣，藉此表現出寫實的動感。裝載的貨物取自LEGEND、威靈頓等廠商製模型組。防水罩是用面紙搭配保麗補土做出的。戰車兵是從AFV Club、Accurate Armour、ADV等廠商製人物模型中選出適用的來搭配。
3 4 這是進入河川測量過深度後，暫且倒車後退的M26。車頭燈等處的外罩則是用薄銅片自製而成。潛望鏡追加取自Fine Molds製「W.W. Ⅱ美國陸軍 戰車用潛望鏡模型組」的潛望鏡罩。M2機槍也使用tasca製「白朗寧M2重機關槍模型組B（附車載搖臂）」添加細部修飾。
5 負責指揮戰車行進的士兵取自AFV Club、Mini Art、Alpine等廠商製模型組。

6	7
8	9
10	

67 拖曳著M6反戰車砲的M3，是以TAMIYA製M3A2為基礎，將保險桿和車身一帶換成M21自走迫擊砲的零件修改而成。後側篷罩取自BLAST Models製「US Half Track Back Trap」。拖曳著的76.2mm反戰車砲M6是以AFV Club製M2A1為基礎，搭配KMC製「M6 3" Gun Conversion Set」加以改造做出。搭乘的士兵取自TAMIYA、威龍、Mini Art、威靈頓等廠商製模型組。

89 TAMIYA製M3A2的槍塔處細長環形罩選用TIGER MODELS製樹脂零件。燈罩處則是削得薄一點。2輛M3均將動輪換成K59製「M3 Wheel Set for Tamiya」。載滿的貨物取自BLAST Models製「M3 Half Track Stowage」。搭乘士兵基本上均是模型組中附屬的，M1919機槍則是沿用自威龍製的模型組。

10 管制交通的憲兵和哈雷戴維森WLA選用自Mini Art製「U.S.MILITARY POLICE」這款模型組。

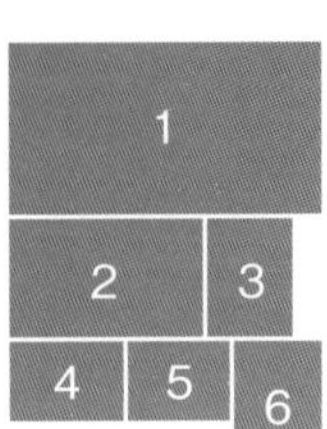

1 2 TAMIYA製龍式拖車上裝載ITALERI製登陸艇LCVP。拖車頭不僅將裝甲窗削薄，還利用eduard製蝕刻片添加細部修飾。搭乘在車上的士兵主要選用TAMIYA製模型組，靠在拖車上的士兵則是選用威靈頓製模型組。拖車用來裝載LCVP的木製台座是拿角材自製而成。只有機槍處的機槍盾是用塑膠板重製。
3 LCVP只有機槍的機槍盾是用塑膠板重製，並且還裝載Mini Art製「U.S. 4×4 TRUCK BANTAM 40 BRC」。
4 5 AFV Club製「WC51 3/4t 武器搬運車」有一部分是利用eduard製蝕刻片添加修飾。車上的醫護兵和傷兵選用自Mini Art和威靈頓製模型組。至於裝載的貨物則是選用自威靈頓、LEGEND、CUSTOM DIORAMICS製模型組。
6 正在搬運汽油罐的士兵選用CUSTOM DIORAMICS、威龍等廠商製模型組。

7 **8** 野戰遊修（工程）車選用MINICHAMPS製「GMC CCKW 353 B2 BOX TRUCK　1943」，還針對雨刷和安全帶等部分施加修改。靠在車上的士兵選用自Alpine製模型組。

9 路旁的建築物都是用TAMIYA出品的3㎜塑膠板自製而成。

10 坐在路邊休息的士兵主要是用威龍製「U.S.ARMY AIRBOREN（OPERATION VARSITY 1945）」改造而成。M2重機關槍的三腳架為Cal-Scale製黃銅材質零件。

11 石造建築物的壁面是以Chooch製鐵道模型用素材「不規則石塊砌牆」來呈現。

1 各窗戶的百葉外推窗選用Mini Art製零件。屋外梯台是用角材拼裝製作出的。落葉是用奧勒岡葉來呈現。揮手的當地居民選用自Master Box製模型組。

2 **3** TAMIYA製吉普車Willys MB是由竹村典夫兄製作的。車頭燈沿用車輛模型的細部修飾零件。人物模型均為威靈頓製模型組。機槍罩選用ResiCAST製零件，至於貨物則是用ADLER models製「US Willys MB Jeep Acc」來呈現。

4 在河岸旁用餐的士兵們選用自TAMIYA、Mini Art、CROMWELL、CUSTOM DIORAMICS等廠商製模型組。堆在地上的木材是拿精工鋸對角材進行加工而成。

5 **6** 遭擊毀的四號戰車H型選用cyber-hobby製附防磁塗層版，並且用Passion Models、GRIFFON MODEL製蝕刻片加細部修飾。河川水面是用WOODLAND SCENICS製寫實造水膏來呈現，石頭則是用MORIN製碎石粒來呈現。

地台上除了有著河川和街道之外，還設置建築物和針葉樹，營造出高低落差藉此凸顯立體感。設置在各處的針葉樹先是透過加工巴沙木圓棒做出樹幹，再黏貼鐵道模型用造景粉來呈現的。

這次使用的人物模型取自Alpine、威靈頓、WARRIORS、Mini Art、CROMWELL、JAGUAR、ADV、威龍，以及TAMNIYA等各廠商製模型組。不僅如此，亦加入木村浩之兄製作的原創士兵頭部，更承蒙五嶋拓成兄、菊月俊之兄提供師徽章水貼紙等協助，在各方面都受到這群好友的大力幫助，真的非常感謝各位！

青木周太郎情景模型作品集
—戰場情景的建構技法—

SHUTARO AOKI BATTLEFIELD DIORAMA COLLECTION

■設計
山中泰平　Taihei Yamanaka [Studio Peace]

■攝影
本松昭茂　Akishige Hommatsu [Studio R]
橋本哲康　Tetsuyasu Hashimoto [Studio R]
岡本学　Gaku Okamoto [Studio R]
河橋将貴　Masataka Kawahashi [Studio R]
高屋洋介　Hiroyuki Takaya [Studio R]
塚本健人　Kento Tsukamoto [Studio R]

■編輯協力
村瀬直志　Naoshi Murase

■編輯
中嶋悠　Haruka Nakajima

AOKI SHUTARO JYOKEIMOKEI SAKUHINSYU -SENJYOJYOKEI NO TSUKURIKATA-

出版　楓樹林出版事業有限公司
地址　新北市板橋區信義路163巷3號10樓
郵政劃撥　19907596 楓書坊文化出版社
網址　www.maplebook.com.tw
電話　02-2957-6096
傳真　02-2957-6435
作者　青木周太郎
翻譯　FORTRESS
責任編輯　江婉瑄
內文排版　洪浩剛
港澳經銷　泛華發行代理有限公司
定價　450元
初版日期　2021年2月

國家圖書館出版品預行編目資料

青木周太郎情景模型作品集 / 青木周太郎作 ;
FORTRESS翻譯. -- 初版. -- 新北市 : 楓樹林
出版事業有限公司, 2021.02　面 ; 公分

ISBN 978-986-5572-07-5 (平裝)

1. 模型 2. 玩具 3. 軍事

479.8　　109019414